MANUEL

DU

FERMIER,

Par Léocade Delpierre.

« Au maître des saisons adresse donc tes vœux !
« Mais l'art du laboureur peut tout après les Dieux.
Virg. Georg.

ÉDITION CORRIGÉE.

PARIS.

A LA LIBRAIRIE SCIENTIFIQUE ET INDUSTRIELLE

DE MALHER ET COMPAGNIE,

PASSAGE DAUPHINE.

1827.

S

MANUEL

DU

FERMIER.

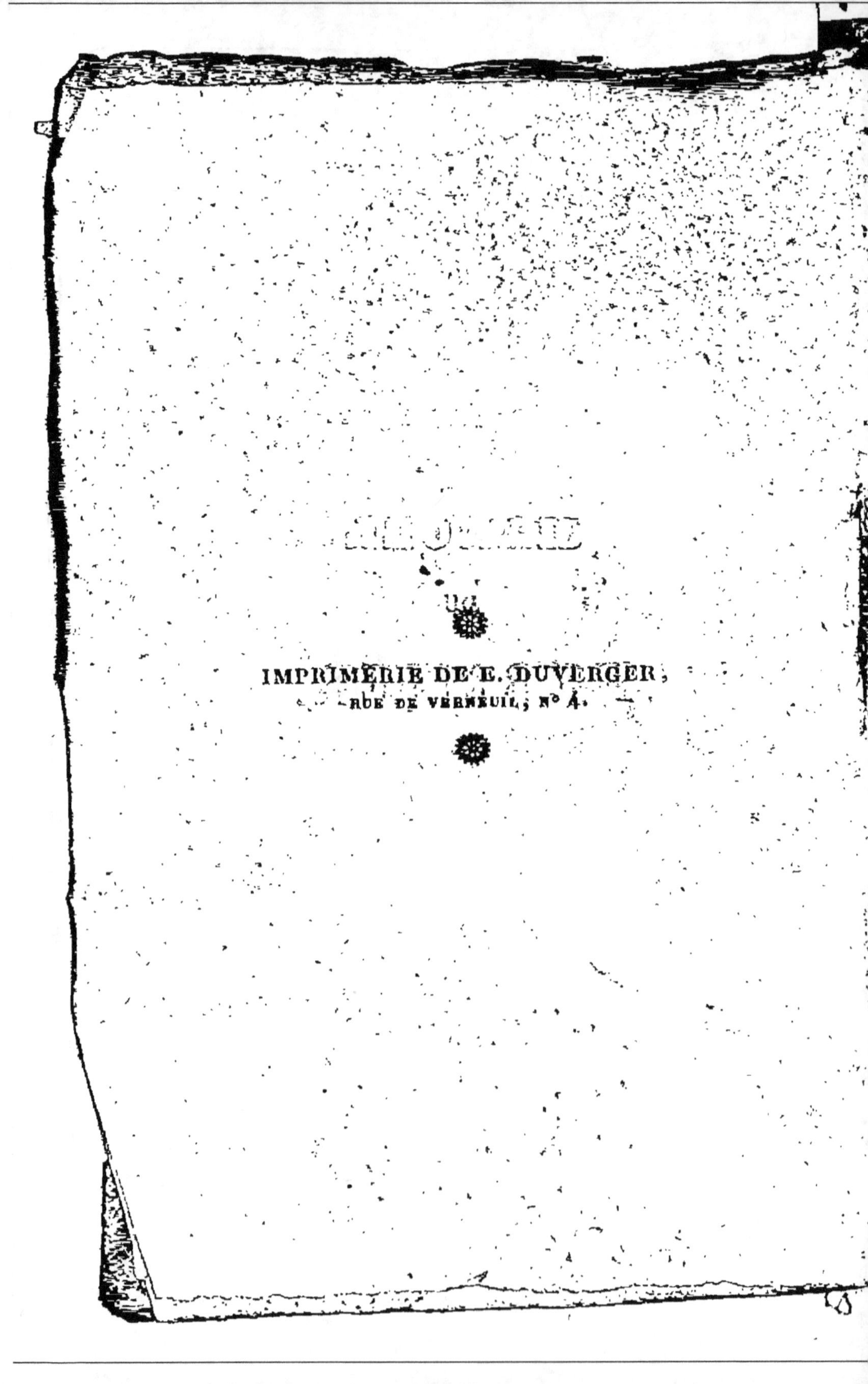

IMPRIMERIE DE E. DUVERGER,
RUE DE VERNEUIL, N° 4.

MANUEL

DU

FERMIER,

Par Léocade Delpierre.

« Au maître des saisons adresse donc tes vœux !
« Mais l'art du laboureur peut tout après les Dieux.

VIRG. *Géorg.*

ÉDITION CORRIGÉE.

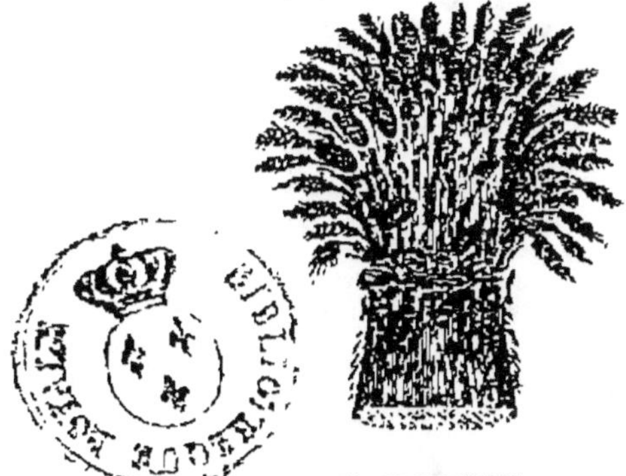

PARIS.

A LA LIBRAIRIE SCIENTIFIQUE ET INDUSTRIELLE

DE MALHER ET COMPAGNIE,

PASSAGE DAUPHINE.

.1827.

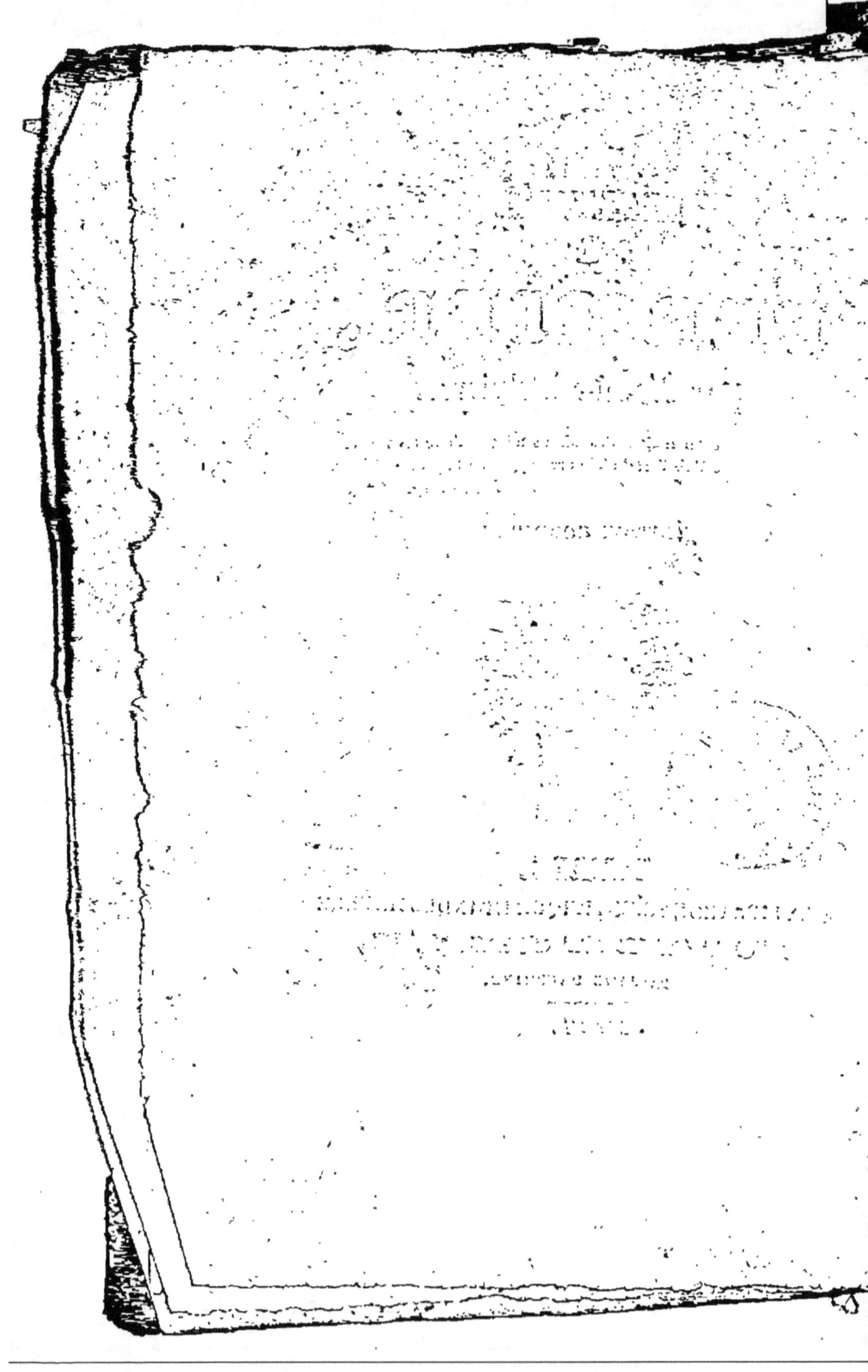

PRÉFACE.

Il existe de très bons livres sur l'agriculture. Pourquoi, dira-t-on, en publier encore? Mais l'art de l'agriculture ne se perfectionne-t-il pas? ne présente-t-il pas des procédés nouveaux ou plus certains qu'il importe de faire connaître aux jeunes cultivateurs? Il y a beaucoup de traités sur le jardinage : il en existe très peu sur le vigneronage, sur la petite et sur la grande culture. Nous nous sommes occupé principalement de cette dernière, d'une si haute importance pour la prospérité publique. Puissions-nous d'après notre expérience sur la culture des champs, avoir donné quelques conseils utiles

aux personnes qui ont aussi l'intention de s'y livrer.

————

Tous les vers des citations avec des
guillemets sont tirés de la traduction des
Géorgiques de DELILLE.

MANUEL

DU

FERMIER.

CHAPITRE PREMIER.

De l'Agriculture.

Il n'est point d'histoire plus intéressante que celle de l'agriculture, et surtout pour les personnes qui aiment les travaux de la campagne; mais la naissance et les premiers progrès de cet art sont inconnus, et les auteurs anciens qui nous en ont laissé des traités, nous le représentent dans un état de perfection qui lui fait supposer déjà bien des siècles d'existence.

Les débris des monumens anciens trouvés en Egypte donnent à penser que les peuples de cet ancien royaume ont la gloire d'être une des premières nations qui se soient civilisées, et c'est probablement chez eux que l'agriculture a pris naissance. Les restes de leurs lacs et réservoirs, et de tous les travaux dont ils se sont occupés pour mettre leur pays en état de nourrir une grande population, prouvent qu'ils sont parvenus à un degré d'industrie, en fait d'agriculture, qui doit singulièrement émerveiller les nations modernes. C'est à l'imitation des Egyptiens que les Grecs, dont l'imagination savait unir à leur religion tout ce qui les intéressait, ont créé des divinités pour chaque partie de cet art, qui est le principe de toute civilisation, et par conséquent le premier où peut s'exercer l'intelligence humaine. Cérès, déesse des moissons, leur avait appris l'art de cultiver les blés; Bacchus, celui de cultiver la vigne; Triptolème, celui de diriger la charrue. Sterculus, chez les Romains, fut le dieu des engrais, dont il avait montré l'influence sur la fécondité des terres; Numa fut aussi mis au nombre des dieux, pour avoir appris, dans ce temps où l'art de faire le pain était encore inconnu, au moins celui de réduire en gruaux le grain des plantes céréales;

et tous ces personnages, si célèbres dans la fable, ne furent vraisemblablement que des citoyens déifiés par la reconnaissance publique, pour les services éminens qu'ils rendirent comme agriculteurs.

Nous n'avons pas plus d'indices sur l'origine des premiers instrumens aratoires que sur les premières opérations manuelles de l'agriculture. L'histoire nous apprend seulement que les Romains, vers les derniers temps de la république, firent usage de la charrue à roues, qu'ils tirèrent de la Gaule Cisalpine, mais sans nous dire si les habitans de ce pays l'inventèrent, ou s'ils ne furent que les imitateurs d'autres nations.

« De huit pieds en avant que le timon s'étende,
« Sur deux orbes roulans que ta main le suspende. »

M. Reignier, dans son Économie politique et rurale des anciens, pense que les Celtes, avant la conquête des Gaules par Jules-César, avaient une agriculture plus perfectionnée que celle des Romains. Ses recherches sur les lois des anciens peuples, et les faits que lui fournissent les auteurs de leur histoire, sembleraient donner du poids à cette opinion. Mais cela ne nous donne pas mieux à connaître l'origine et les premiers progrès de l'agriculture. Elle était pourtant, après la Divinité, le premier objet de la vénération des anciens, et il est probable que c'est principalement à cet amour pour le séjour de la campagne et les travaux des champs, qu'est due la pureté de leurs mœurs : d'où il est résulté l'union des citoyens, l'équité des lois, et, par conséquent, la liberté politique.

Le corps social entier honorait l'agriculture, et les premiers magistrats ne se trouvaient pas avilis d'en faire l'objet de leurs soins. Dans des temps plus rapprochés, où les mœurs et les goûts n'étaient plus aussi simples et aussi purs, l'agriculture avait encore conservé de l'estime et de la considération. Dans sa retraite à Scillonte, Xénophon l'enseigna publiquement; le roi Hyéron, le jeune Cyrus et beaucoup d'autres princes s'en sont également occupés. Yo, empereur de la Chine, composa un traité d'agriculture, et les souverains de ce vaste empire ont, de tout temps, cultivé la terre dans des fêtes annuelles, pour démontrer à leurs sujets et à tous les officiers de l'empire que l'agriculture est la plus noble et la première profession de l'Etat. Les Romains, malgré leur amour pour la guerre, n'eurent pas moins de considération pour elle. Aussi nous ont-ils fait tout connaître sur leur manière de la pratiquer ; et ce sont les seuls des anciens chez qui nous puissions trouver ces avantages satisfaisans. Aucun peuple, ni ancien ni moderne, n'a mieux connu que les Romains l'importance des engrais; et lorsqu'ils en pouvaient trouver pour augmenter celui de leurs basses-cours, et pour suppléer au parcage qu'ils employaient également comme nous, ils le payaient fort cher. Rosier, d'après Varron, rapporte qu'une année, les seuls cloaques de la ville de Rome furent vendus une valeur égale à dix-huit cent mille francs de notre monnaie. Le plus grand éloge, dit Caton, qu'on puisse faire d'un honnête homme, c'est de l'appeler bon laboureur. Les tribus de la campagne renfermaient à peu près tous les gens de bien, et jamais, sous la république,

1.

celles de la ville ne jouirent de la même estime. Les premières maisons de Rome, les *Lentulus*, les *Fabius*, etc., tiraient leurs noms des légumes dont leurs ancêtres avaient enseigné la culture; et dans cette fameuse république, qui parvint à se rendre l'arbitre du monde, souvent les premiers magistrats et les chefs des armées étaient tirés du sein des travaux champêtres. Cela était si général qu'il y avait même des messagers particuliers, nommés *viateurs*, pour aller chercher dans les champs ceux que le sénat destinait à commander les armées.

L'ouvrage de Magon, sur l'agriculture, fut un des monumens de Carthage vaincue qui parut intéresser le plus les Romains; puisqu'ils donnèrent les autres ouvrages littéraires aux princes leurs alliés. Les sénateurs prirent le soin de le faire traduire par Décius Syllanus. La république ne tarda pas à produire elle-même de très bons auteurs. Caton, Varron, Columelle, Virgile, Pline, Palladius, ont publié d'excellens principes d'agronomie, dont la pratique, exécutée par les premiers citoyens, faisait pro-

duire à cette campagne de Rome, insuf-
fisante maintenant pour une faible population à demi - monacale, des récoltes
qui nourrissaient une pépinière toujours
croissante de républicains.

Malheureusement cet ordre de choses
ne dura pas. Les subsistances étrangères
que les brillantes conquêtes de la république introduisirent dans Rome, et les
immenses richesses que ces conquêtes
procurèrent aux vainqueurs, firent trans-
former en palais et en jardins d'agré-
ment une partie du territoire d'Italie,
et ce que le luxe ne put envahir fut aban-
donné aux soins des esclaves et des mercenaires. Mais la nature n'accorde qu'à
regret à de pareilles mains ses faveurs.
Cérès, Bacchus, et tous les dieux des
champs, n'admettent dans leurs temples
que les citoyens revêtus de toute la dignité et de la noblesse de l'homme.

Aurélien, Constantin, Théodose, et
plusieurs autres princes zélés pour le bien
public, voulurent redonner aux travaux
de l'agriculture de la vie et de la considération ; mais les habitudes étaient
changées ; et les vrais principes d'une

bonne culture, oubliés, auraient exigé, pour reprendre faveur, tout le zèle des citoyens ou qui n'existaient plus, ou dont la vie était trop efféminée pour revenir à la simplicité des mœurs qu'il faut à l'homme de la campagne. En vain s'était-il conservé quelques pratiques raisonnables dans les provinces de l'empire : les barbares, qui succédèrent aux Romains, achevèrent bientôt la ruine de l'agriculture ; et leurs préjugés, la bizarrerie de leurs lois, les droits féodaux, la chasse, l'usage du parcours, transformèrent en déserts les campagnes les plus fertiles.

Cependant, après des siècles d'anarchie et de brigandages, les souverains, à commencer en France par Louis-le-Gros, sentirent la nécessité d'accorder des droits communaux, pour affranchir les peuples du joug odieux de la féodalité, et pour s'en faire un appui contre la rébellion journalière ou la résistance à l'ordre des seigneurs, des ducs, des comtes et des barons. Revenus à la jouissance de quelque liberté, les peuples redevinrent plus actifs, et leurs premiers soins, à l'imitation des anciens, dont quelques écrits et même diverses pratiques avaient résisté, et principalement chez les moines, alors gens laborieux, au désastre des nations, se portèrent vers la culture des champs qui doit précéder toute espèce d'industrie, puisqu'elle en est la base fondamentale.

Dans le Dictionnaire d'agriculture, dont Déterville est éditeur, un agronome dit qu'on ne peut comprendre les principes de quelques savans politiques qui pensent que le système social doit être lié avec celui de l'agriculture. Cet auteur prouve qu'il a peu réfléchi sur la science de la législation. Tout peuple qui n'a pas l'agriculture pour fondement de son institution ne peut avoir qu'une existence éphémère, et même s'il existe il ne le doit qu'à l'inhabileté des autres nations qui, en lui abandonnant leur commerce, lui donnent les moyens de faire des bénéfices et de mettre en réserve ce qui est nécessaire à sa subsistance. Mais qui ne voit pas qu'à tout instant il peut perdre ses avantages, et qu'en cas de

guerre il est évidemment plus exposé à
la famine ?

Dans le nouvel ordre de choses qui sui-
vit la chute de la féodalité, la Flandre,
jouissant la première de beaucoup de liberté, sous ses anciens comtes, fut aussi
la première à se distinguer ; et la grande
population qui en est résultée, ainsi qu'un
commerce très étendu, lui ont permis,
jusqu'à ce jour, de conserver la supério-
rité. L'agriculture y est encore mieux
pratiquée et plus variée que dans aucun
pays du monde.

L'on prétend que c'est Hartlib, réfugié
polonais, qui, des Pays-Bas où il s'était
instruit, ayant passé en Angleterre, où
il trouva assez de liberté politique pour
pouvoir donner l'essor à l'industrie agricole, y développa et y fit apprécier
les bons principes d'agronomie qu'on y
voit pratiquer aujourd'hui ; cependant
ils n'y sont pas aussi généralement répandus que nous nous plaisons à le croire
en France. Au rapport des voyageurs
les plus judicieux, et à ceux d'Arthur
Young, de Dickson, de Marshall et de

Bakewel, agronomes anglais très estimés, l'agriculture n'est vraiment recommandable que dans les comtés de Norfolk, de Suffolk, d'Essex et de Kent. Sur environ soixante millions d'acres de terre que peut contenir l'Angleterre, cinq à six millions seulement sont annuellement bien ensemencés en grains, quatre ou cinq fois autant sont en prairies de tout genre, et le reste, qui s'élève encore à près de trente millions, est en friche ou est soumis, comme une partie de l'intérieur de la France, à un système très défectueux. Indépendamment des causes avancées par les auteurs que je viens de citer, nous remarquons encore que cette vicieuse culture tient à la trop courte durée des baux, à la trop grande étendue de beaucoup de communaux dont l'administration est toujours mal conçue, à la dîme en nature qui désole les cultivateurs, et à l'abus des substitutions qui restreint trop le nombre des propriétaires, et qui met de trop vastes propriétés dans les mains d'un seul. Nous pouvons donc dire avec vérité que les gens que nous voyons aller en Angleterre pour y apprendre les bons principes du labourage et de l'agriculture, feraient encore mieux de ne point sortir de leur pays : ils y trouveraient la Flandre, qui leur offrirait des principes aussi savans, et peut-être plus analogues à ceux qui conviendraient à leurs propriétés, et qui même ont servi de modéle à ce qui se pratique de mieux en Angleterre.

La France, considérée dans l'ensemble de ses provinces, éprouvait trop de tyrannie dans les droits de chasse, trop d'incertitude dans la marche de son administration, trop de principes, reste de la féodalité ; trop peu d'unité dans ses lois et dans ses mœurs, pour que l'exemple de la Flandre y fût imité d'abord généralement ; cependant un peu plus tard, les écrits d'Olivier de Serres, le ministère de Sully, qui donna autant de liberté qu'il fut possible au commerce des grains, l'ouverture de plusieurs canaux et la découverte de l'Amérique, qui, par ses colonies, a procuré un débouché favorable à toutes les productions de l'Europe, ont fait faire à l'agriculture, en France, des progrès assez rapides.

Mais l'empêchement de la circulation des grains entre les diverses provinces du royaume, à moins d'impôt, et
la prohibition d'en exporter en pays
étrangers, renouvelée sous le règne de
Louis XIV, ont encore été de nouveaux
obstacles à l'amélioration de l'agriculture. Les écrits des économistes portèrent, en 1754, par leurs rigoureuses
observations, les ministres de Louis XV
à rompre enfin toutes ces barrières impolitiques : alors des sociétés d'agriculture ont été constituées, des écoles vétérinaires ont été créées à Lyon, à Alfort,
et elles ont fait naître dans beaucoup de
lieux l'idée de l'amélioration des bestiaux ; des haras ont été établis ; des
mérinos ont été importés, d'abord par
M. de Trudaine; et la ferme expérimentale de Rambouillet est devenue le modèle
des soins qu'il faut donner à ces troupeaux pour conserver la finesse et la
beauté de leur laine. Tous ces moyens
réunis ont fait que l'agriculture, comme
les autres branches du commerce, a
repris une nouvelle vigueur, et que la
France s'est trouvée dans une sorte d'o-

pulence bien remarquable : circonstance qui aurait pu offrir à des monarques plus fermes et moins faciles à céder à l'insatiabilité de la multitude des courtisans, et plus politiques que Louis XV et Louis XVI, les moyens d'entreprendre avec succès, et en satisfaisant toutes les classes de citoyens, une réforme nécessaire dans la constitution de l'Etat, et l'amortissement d'une énorme quantité de dettes contractées en dépit de tout principe fondé en raison, dettes qui ont démoralisé une partie du commerce et de la finance par l'agiotage qui en est résulté, qui nous ont menacés, et qui nous menacent peut-être encore du bouleversement de la plupart des gouvernemens de l'Europe. Ne font-elles pas aussi présager la ruine de la fortune de grand nombre des premières familles qui devraient faire un des plus forts soutiens de la patrie, si nous possédions de bonnes lois constitutionnelles, et surtout si elles avaient la force de commander leur exécution ?

L'Italie, si on en excepte les environs de Milan, quelques petits cantons du royaume de Naples et du Piémont, et la Toscane, principalement depuis le règne paternel de Léopold, n'a pas obtenu en agriculture le même succès que beaucoup d'autres pays en Europe. Les Espagnes en décadence depuis le règne des Maures, et depuis la perte de leur liberté et de leurs cortès; depuis cette fureur d'aller en Amérique ramasser promptement de ces brillantes fortunes qui ont ruiné l'Etat et plongé les dix-neuf vingtièmes de la population dans la misère, ne nous offrent rien non plus en agriculture, à l'exception de l'éducation des mérinos. C'est un objet à la vérité fort important: mais les grands propriétaires ayant laissé, pour la nourriture de leurs troupeaux, la plus grande partie de leurs domaines en vaine pâture; ayant abusé de leur puissance et de leur crédit pour forcer les propriétaires inférieurs à leur abandonner, à diverses époques, leurs champs pour le passage de leurs troupeaux, quand les saisons réclament que, d'après leur méthode, ils les changent de provinces, on peut dire que l'éducation des mérinos a plutôt contribué à la ruine qu'à la prospérité du pays. Il n'en est pourtant pas en Europe qui offre plus d'avantages ; la culture du froment, de l'orge, du maïs, du coton, et même de la canne à sucre, pourrait y avoir de grands succès. Le Portugal n'offre rien de mieux que l'Espagne.

Nous nous abstiendrons de parler de la Turquie ; son agriculture est tout aussi barbare que son gouvernement. En Espagne vous retrouvez encore dans quelques coins, avec une étonnante satisfaction, et surtout dans la culture de la vigne et des oliviers, quelques-unes des pratiques recommandées par Columelle, et dans les irrigations un reste d'intelligence, et les moulins à godets des Maures. Dans la Turquie, c'est en vain que l'agronome philosophe y cherche quelques traces de la culture de l'ancienne Grèce, il n'en reste plus rien; tout y est détruit, et la nature en désert, et les décombres de tous les monumens des arts, enfouis de toute part sous les ronces, ne font qu'attrister son ame et navrer son cœur par mille regrets.

L'Allemagne, au contraire, présente

en général une culture soignée; la liberté
des villes anséatiques y a permis le développement de presque tous les genres
d'industrie. Plusieurs princes, stimulés
par l'exemple, se sont aussi occupés très
particulièrement de l'agriculture. On
assure que Frédéric-Guillaume, électeur
de Brandebourg, dépensa près de vingt-
cinq millions de francs, tant à bâtir des
villes qu'à défricher des landes et à les
garnir d'habitans. Le seul évêché de Salz-
bourg lui en a donné plus de seize mille.
Son fils, le Grand Frédéric, n'en a pas
moins fait; c'est à lui qu'on doit, entre
autres travaux agricoles, les défrichemens des bords de la Netze et de la War-
the, et l'assainissement des marais de
Freidberg.

La Suède et le Danemarck, malgré
la rigueur de leur climat, offre comme
l'Allemagne, suivant le récit des voyageurs compétens pour en bien juger,
des campagnes aussi très bien cultivées.
On ne peut douter que la Suède ne doive
cet avantage à la liberté dont jouissent
ses paysans. Depuis 1686, le gouvernement absolu est de droit en Danemarck;

mais quoique grand nombre d'années se soient écoulées depuis cette époque, il n'a pas encore eu le temps d'y souffler sa mauvaise influence; la modération des princes, la marche ancienne du gouvernement qui s'y est conservée, la stricte observation des lois et la sage administration des deux Bernstoff, la liberté donnée aux serfs des domaines du gouvernement, imitée par beaucoup de grands propriétaires, et surtout par les deux célèbres ministres que nous venons de nommer, et à l'un desquels les paysans de la Zélande ont érigé en reconnaissance un monument rural, y ont permis le développement de l'industrie et de l'agriculture, et rendu les campagnes heureuses.

La Russie, ce peuple encore si nouveau, n'annonce pas non plus vouloir rester en arrière; et si plusieurs de ses vastes et froides provinces sont encore cultivées par des serfs demi-sauvages, le gouvernement a montré plus d'une fois l'intention d'y remédier, en se rapprochant des idées libérales, seul moyen d'inspirer de la confiance aux peuples et de pouvoir favoriser l'industrie. Aussi, avec plus de liberté et d'instruction chez le cultivateur, on peut assurer que la culture du lin, du chanvre et des céréales, pratiquée avec soin sur les bords du Volga et de la Kama, l'excellence du territoire de l'Ukraine, dont la population s'accroît journellement, peuvent faire présager qu'un jour la mer Noire et la Baltique pourront recevoir beaucoup d'objets d'exportation, et principalement des cordages, des toiles et des grains, qui trouveront toujours dans tout le monde civilisé un débit avantageux.

Quoi qu'il en soit, l'agriculture de tous les pays de l'Europe, si ce n'est dans quelques communes particulières près des villes, en Flandre et dans un petit nombre de comtés de la Grande – Bretagne, est encore susceptible d'une amélioration considérable. Mais les sociétés d'agriculture qui se sont formées dans les départemens, et les propriétaires instruits qui ont fait valoir leurs domaines depuis la révolution de France, ont acquis et répandu des lumières, et commencé dans notre patrie d'heureuses innovations qui se propagent tous les jours avec de nouveaux succès. Heureux si nous pouvons conserver nos lois civiles; heureux si le système trop général des substitutions et des majorats, soutenu par un sot amour-propre et une fausse vanité, ne vient pas entraver, dans les familles, l'égalité dans les partages : égalité qui est aussi indubitablement l'un des principaux fondemens de l'industrie. Car étant plus restreint dans son héritage, puisqu'il est partagé entre tous également, chacun cherche à l'augmenter par son travail et par les soins qu'il est forcé d'en prendre, s'il veut accroître et soutenir sa fortune pour l'égaler à celle que possédaient ses pères.

CHAPITRE II.

Du Cultivateur.

L'ÉTAT du cultivateur est le plus approprié à la dignité de l'homme, et celui qui le conduit le plus sûrement au bonheur. Les propriétaires en France, imbus des préjugés des peuples guerriers et barbares du Nord, qui jadis ont subjugué les Gaules, ont méconnu long-temps cette vérité, et il a fallu de grandes calamités pour la leur rendre sensible, en les obligeant de se retirer à la campagne et de s'adonner à la culture de leur propriété.

Dans le rétablissement de l'ordre social qui, après les grands mouvemens politiques de notre révolution, semble depuis quelques années vouloir renaître, peut-être est-ce encore un malheur pour les mœurs publiques et les progrès de l'agriculture qu'on veuille de nouveau s'éloigner des champs pour courir, dans les villes, après de vains plaisirs, une fortune chimérique, une gloire souvent

incertaine, et que d'ailleurs un très petit
nombre de personnes peuvent acquérir.

« Ah! loin des fiers combats, loin d'un luxe imposteur,
« Heureux l'homme des champs, s'il connaît son bonheur!

. . . .

« Auprès de ses égaux passant sa douce vie,
« Son cœur n'est attristé de pitié ni d'envie.

. . . .

« Son champ nourrit l'Etat, ses enfans, ses troupeaux,
« Et ses bœufs, compagnons de ses heureux travaux. »

. . . .

De tous les moyens de s'enrichir, dit
Cicéron dans ses offices, il n'y en a point
de plus nobles et qui fournissent autant
de plaisirs que l'agriculture.

Nous pouvons diviser la nôtre en France
en quatre parties : la grande et la petite
culture, le vigneronage, et le jardinage
qui renferme l'art du pépiniériste. La
petite culture est d'une importance très
majeure dans notre économie rurale. En
général elle est mieux pratiquée que la
grande. Elle est concentrée pour l'ordinaire auprès des villes où il y a plus de
lumières, et dans les petites métairies,
telles qu'en Normandie, en Bretagne, etc.,
où l'on s'adonne spécialement à l'éduca-

tion des gros bestiaux. Elle emploie par-
fois la charrue, mais non constamment ;
le plus souvent elle se fait à la bêche, à
la houe, à la binette à main, et à la pioche
par les habitans des faubourgs auxquels
elle fournit, comme aux métayers, avec
le grain de ses récoltes, le pain qu'ils con-
somment. Elle fournit pour les villes les
légumes, et elle partage avec la grande
culture la fourniture des beurres, des
fromages, etc. Elle fournit aussi une
partie des plantes qui servent dans les
manufactures et dans les arts. Mais les
céréales et les troupeaux des bêtes à laine
ne sont chez elle que des objets de peu
d'importance. Ceux-ci sont réservés à la
grande culture, la seule que nous ayons
en vue dans le présent ouvrage.

Dans la petite culture, les cultivateurs
se rapprochent de la classe des artisans
et même des manouvriers ; mais dans
les grandes exploitations, ce sont des espèces de manufacturiers, dont l'occupation est d'ordonner et de surveiller les
travaux de leur ferme. Cet état, qui exige
une grande avance de capitaux, ne peut
être entrepris que par un homme de bien,

et devrait toujours être honoré. Malheureusement il est encore peu de cultivateurs qui aient reçu une éducation très soignée ; et ce défaut, en les privant de la plus essentielle partie des connaissances nécessaires à leur état, en les privant de la considération dont ils devraient jouir, n'a pas peu contribué à les faire regarder avec une sorte de mépris que l'agriculture a long-temps partagé : ce qui a nui beaucoup à ses progrès.

L'instruction du cultivateur est donc une chose essentielle. L'on regarde comme supérieure l'agriculture de quelques nations étrangères : cela tient principalement aux lumières des personnes qui l'exercent ; et jamais nous ne tirerons parti de toute la richesse de notre territoire, tant que nous n'aurons pas également une masse imposante de citoyens éclairés qui professeront l'agriculture et qui serviront d'exemple. Pourquoi celle de l'Amérique fait-elle de si grands progrès? c'est qu'elle est dirigée par les premiers citoyens, qui s'y appliquent d'autant plus volontiers, qu'elle leur donne une grande considération.

Nous avons encore beaucoup de provinces dans le centre de la France, où l'agriculture, comme nous l'avons déjà dit, est livrée aux plus aveugles routines. Qu'on examine l'état de l'instruction des principaux propriétaires de ces provinces et l'on verra que l'agriculture y est toujours proportionnée à leur peu d'amour pour les sciences en général. Des hommes qui ne sont que demi-instruits, et habitués à une longue et vieille routine, seront toujours les plus grands ennemis de toute perfection dans le développement des sciences et des arts. Ils ne sauraient ni ne veulent, dans leur apathie et dans leur froid égoïsme, innover en rien ; et leur amour-propre, égal à leurs préjugés, les portera toujours à mépriser toutes les entreprises dont ils ne peuvent concevoir ni le but ni le résultat.

La pratique de la culture est sans doute le premier objet du fermier ; mais ses connaissances seront bien trop circonscrites, s'il n'y joint pas la théorie qui est fondée sur l'expérience de tous les agronomes. N'est-ce pas par une grande étendue d'idées et de comparaisons qu'on est

parvenu à pouvoir tenter avec succès toutes les améliorations qui distinguent si
bien notre génération de celles qui l'ont
précédée ?

Enfin, après l'étude de l'agronomie,
celle des lois et des réglemens qui concernent les biens ruraux doit particulièrement intéresser le cultivateur. La
botanique est encore pour lui une étude
très convenable. Je voudrais qu'il connût
au moins toutes les plantes qu'on peut
cultiver ou qui croissent spontanément
dans son pays : leur variété offre un heureux choix pour tenir toujours les terres
en rapport ; et celles qui croissent naturellement, qui salissent ou infectent les
récoltes, demandent aussi une attention
particulière ; car elles nuisent non-seulement aux objets cultivés parmi lesquels
elles se trouvent, mais encore, comme
nous le verrons par la suite, plus ou
moins aux récoltes subséquentes, suivant
le rapport qu'elles ont avec elles. Quelque
connaissance de l'hippiatrique ou de l'art
vétérinaire ne serait pas inutile au cultivateur ; par ce moyen il connaîtrait
mieux les animaux et leur éducation, la

manière de les nourrir pour en tirer plus de bénéfice, les causes de leurs maladies, et les principaux remèdes qu'il faut y appliquer. L'architecture rurale doit aussi fixer son attention, car indépendamment de l'économie qu'elle peut lui procurer dans les constructions, elle lui fournit le moyen de mieux apprécier dans celles dont il fait usage le degré de salubrité et le bien ou le malaise que les bestiaux doivent y éprouver.

Il doit, par le moyen des engrais et des amendemens, savoir porter ses terres à leur *maximum* de rapport; être souvent matinal; s'assurer par lui-même de l'exécution de tout ce qu'il ordonne; et changer ses momens de surveillance, pour n'être point prévenu; épier les beaux jours, et profiter, pour les labours, les semis et les récoltes, de tous les momens favorables; ne jamais perdre un instant; s'avancer toujours en travaux autant que possible, afin d'être pour ainsi dire au-dessus de ceux que réclame son exploitation; veiller à ce que les chevaux de ses attelages ne soient pas surchargés, et que pourtant ils exécutent, par un pas uniforme, tout ce qui ne peut excéder leur force. Il doit veiller au battage des grains avec la plus grande exactitude, tenir ses granges et ses greniers toujours fermés, pour que les domestiques n'y puissent rien gaspiller ; enfin, s'instruire du cours de tous les objets de la culture, pour vendre à propos ; avoir des registres pour les recettes et dépenses qui lui permettent de se rendre compte de tout, et de voir assez à temps, pour y remédier, les vices qui pourraient s'introduire dans son administration.

Après les soins du fermier, l'intérieur de la ferme a besoin d'une ménagère intelligente ; et pour en donner l'idée, nous ne pourrions mieux faire que de rapporter ici l'histoire d'une bonne fermière dont la mémoire est encore en vénération dans une de nos meilleures provinces agricoles.

Angélique, c'est ainsi qu'elle se nommait, avait reçu dans la capitale une éducation distinguée ; son mari tenait sa naissance d'un cultivateur. Le séjour de la ville ne leur présentant pas une existence heureuse les fit retourner à la culture de la terre. Alors Angélique sachant que l'esprit et la bonne volonté peuvent suppléer à tout, se mit avec courage à la tête des détails domestiques de son exploitation.

Elle crut d'abord nécessaire de prendre à son service une fille qui avait la réputation de bien connaître les soins d'une basse-cour. Cette fille, grande travailleuse à la vérité, fut pourtant loin de remplir les vues d'Angélique : elle avait servi dans des maisons où les maîtresses, toujours occupées de leurs plaisirs, abandonnent aux seuls soins des domestiques, souvent mal choisis, tous les détails intérieurs. Les vaches, et autres bêtes qui concernent la ménagère, étaient nourries sans ordre ni régularité; les bêtes laitières étaient rarement traites à fond, souvent à des heures différentes, et perdaient, par cette raison, une partie de leur lait; les crèmes se corrompaient en séjournant dans des vases des semaines entières; le beurre était sans qualité; les fromages, dressés dans des moules lavés sans soin, devenaient ou d'une âcreté repoussante , ou bientôt ils étaient la proie des vers ; et, ce qui doit paraître singulier à ceux qui ne connaissent pas la malpropreté et l'entêtement de la plupart des paysans , c'est que maintes personnes , auxquelles Angélique en parlait , lui assuraient que la nature du pays et de ses herbages s'opposerait toujours à la perfection de tous les produits de sa laiterie. Enfin, ne pouvant tirer aucune instruction de ce côté , elle eut recours à la théorie , qu'elle joignit à l'expérience de chaque jour. Messieurs Deyeux et Parmentier, auxquels nous renvoyons aussi pour tout ce qui concerne le laitage, lui furent d'un grand secours, et bientôt tout ce qu'elle fabriqua dans sa laiterie eut toutes les qualités désirables.

Les valets de la ferme étaient bien nourris et très soignés. Étaient-ils exposés dans les champs à de grandes fatigues ou aux injures du temps, c'était une chose vraiment touchante que de voir Angélique s'empresser à leur envoyer des secours. Enfin, les malheureux étaient tous l'objet de sa sollicitude ; et sa bonté , la douceur et la régularité de ses mœurs , inspiraient un grand respect pour sa maison. S'il est arrivé quelquefois à de mauvais sujets d'aller lui demander du travail, et d'en obtenir, faute d'être connus, ils se sont toujours conformés d'abord au bon usage établi; et lorsqu'ils n'ont pu le supporter il a été rare qu'ils n'aient pas trouvé convenable de se retirer d'eux-mêmes, avant d'avoir mis leurs penchans à découvert.

Angélique n'était pas seulement une bonne fermière; les soins de la portion de la ferme qui la concernait ne l'empêchèrent pas de diriger l'éducation de ses enfans d'une manière exemplaire. Enfin, on eût dit qu'Angélique, qui, pourtant était l'ame de tout chez elle, ne voyait que par son mari, ne respirait que pour lui plaire; et celui-ci, touché d'une amitié si tendre, ne trouvait son zèle et ses travaux utiles, que pour ajouter au bonheur de celle qui savait faire le charme de sa vie.

CHAPITRE III.

Des Fermes, et de leurs dépendances.

Est-il avantageux que l'agriculture soit dirigée en grand dans des fermes considérables, ou importe-t-il au bonheur public qu'elle le soit en détail par la masse des habitans de la campagne? Sur cette question les opinions sont très partagées. Quelques personnes ont prétendu que les grandes exploitations étaient très avantageuses; qu'elles nécessitaient directement peu de consommation par l'exploitant, et qu'elles fournissaient en conséquence, pour les marchés, une plus grande quantité de denrées; que les gros fermiers, plusieurs en possession de beaucoup de capitaux, conservaient souvent de grands magasins de grains, et qu'alors ils mettaient, sans frais, la nation hors de la crainte des disettes, pendant les années dont les récoltes étaient malheureuses. D'autres ont dit : Les anciens connaissaient peu ces grandes exploitations, et nous sommes loin de voir qu'ils aient eu plus de peine que nous à faire leurs approvisionnemens. Dans les grandes exploitations rurales, le riche, qui se trouve seul de sa classe, règle les salaires à son gré ; s'il y a abondance d'ouvriers, il fait travailler à vil prix : on envie son sort ; c'est à lui qu'on attribue son infortune ; on le déteste ; on cherche à le tromper, et bientôt les campagnes ne sont plus composées que de gens avilis, que de mercenaires, que de fripons et de maîtres sans pitié. Dans les petites exploitations, chacun a des bestiaux, et, par conséquent, les engrais y sont très multipliés : aussi la jachère y est-elle entièrement inconnue. Dans les campagnes où cet heureux mode de culture est établi, les paysans, moins humiliés, sentent mieux la dignité de l'homme : riches en denrées, leurs basses-cours remplies d'élèves, ils fournissent pour les villes une foule d'objets divers ; ils se nourrissent mieux que les mercenaires ; ils deviennent donc plus robustes ; et la patrie peut trouver parmi eux des citoyens capables

de défendre l'État et de supporter les fatigues de la guerre.

Il est des pays qui tirent l'opulence et
le bien-aise de tous les citoyens, d'un
grand morcellement de propriétés. Cela
est incontestable; mais c'est que toutes
ces petites propriétés sont cultivées en
général par les mains de ceux qui les
possèdent, et qu'elles sont dans un pays
où l'esprit public est tourné vers les améliorations. C'est là principalement que
plus la famille devient nombreuse, plus
elle a d'industrie, plus elle cultive d'objets variés, et mieux l'agriculture alors
peut fournir d'objets au besoin du commerce, et remplir de toutes denrées les
marchés environnans.

Cependant, les riches propriétaires
doivent désirer de plus grandes portions
de terre pour chaque exploitation, afin
d'avoir moins de détails, moins de maisons et de fermes à entretenir, et plus
de facilités pour choisir des locataires
solvables. Au reste, si le petit cultivateur
fournit avec bénéfice pour lui beaucoup
d'objets variés, en graines et légumes,
en chanvre, en lin, en plantes huileu-

ses, etc., pour fournir aux marchés de sa province et au commerce des villes, c'est qu'il se livre par lui-même au travail manuel, et qu'il trouve sans cesse de l'occupation pour tous les individus de sa famille. Dans la grande culture, le même genre de travail, fait par des mercenaires, gens de journées, devient très onéreux. L'agriculteur d'une grande exploitation doit se livrer, avec des instrumens forts et expéditifs, à des cultures principales d'objets peu variés et de première nécessité pour l'approvisionnement des grandes villes. Que deviendrait la halle aux farines de Paris, si elle n'avait pas la ressource des grandes fermes de la Beauce, de la Brie et de la Picardie, pour remplir ses magasins ou pour fournir aux boulangers qui s'y approvisionnent ?

Les auteurs qui ont agité la question sur les avantages de la grande et de la petite culture, en excluant l'une ou l'autre, ont donné, suivant nous, une faible idée de leur connaissance en économie rurale et politique. Celle-ci les réclame toutes les deux, et principalement pour les grands États comme la France. Il y faut tous les genres mixtes, dans les propriétés, comme dans les conditions et dans les lois.

Quant aux bâtimens nécessaires pour les grandes exploitations rurales, il faut tâcher de n'avoir, dans leur voisinage, ni marécage, ni eau croupissante, et rechercher toujours un air frais et salubre.

Une ferme est assez bien composée avec quatre grands corps de bâtimens, formant un quadrilatère : 1° la maison et ses dépendances ; 2° les écuries et les étables, avec des greniers à fourrage au-dessus ; 3° les bergeries, aussi avec des greniers à fourrage ; 4° les granges.

L'entrée de la ferme doit être à côté d'un des angles de la cour, à la gauche ou à la droite de l'habitation du maître, et près de la cuisine, ou du lieu où reste le plus les domestiques attachés spécialement à la basse-cour, afin que les étrangers n'aient pas de prétexte pour parcourir la cour avant d'entrer à la maison, et de faire connaître ce qu'ils ont à demander.

Une maison de ferme, qui peut être

convenablement exposée au midi, ayant ses entrées vers le nord, doit essentiellement contenir : caves, laiterie en forme de caveau, pour maintenir de la fraîcheur dans l'été et une douce température dans l'hiver ; cuisine, salle à manger, et cabinet de maître, disposé, autant que possible, pour que de son intérieur on puisse voir tout ce qui se passe dans la ferme ; un escalier particulier pour conduire aux chambres à coucher, et un autre pour conduire aux chambres à grains, qui doivent être grandes et avoir beaucoup d'air.

Sur le côté de l'occident du corps de ferme, se trouveront les écuries et les étables, avec leurs entrées vers l'orient, exposées au vent frais le matin, et à l'ombre l'après-midi, afin que les bestiaux ne soient pas incommodés des grandes chaleurs.

Les granges seront sur le côté de l'orient ; les bergeries sur le côté du nord, ayant par conséquent leurs entrées vers le midi : les bêtes à laine, ne devant être renfermées que pendant l'hiver, n'ont rien à redouter de cette exposition.

4

Il serait toujours à désirer que les quatre grands corps de bâtimens qui doivent composer une ferme fussent séparés, parce que, dans le cas d'un incendie, on pourrait espérer d'en diminuer les ravages.

Les bergeries doivent offrir un espace au moins de neuf à dix pieds carrés par bête à laine. Les murs y doivent toujours être bien crépis et dégagés de rateliers. Ceux-ci à doubles rangs, ayant, autant qu'on le peut, de petites auges par dessous, jointes à la pièce du fond, pour retenir les fanes du fourrage qui pourraient tomber, et pour donner les provandes et les légumes en racine, doivent être suspendus dans le milieu du local, élevés de manière à ce que les bêtes ne puissent pas, en passant dessous, s'y frotter et perdre leur laine. Les barreaux des rateliers doivent être espacés de trois à quatre pouces, suivant la grosseur de la tête des moutons qui doivent y tirer le fourrage. Il faut, par de larges croisées garnies de forts barreaux défensifs contre les bêtes féroces, tenir un courant d'air dans les bergeries, afin d'en

dégager le gaz, et d'en balayer les ex-
halaisons méphitiques. Pour remplir cet
objet, il faut que ce courant d'air soit
bas, mais pourtant un peu au-dessus du
dos des bêtes qui pourraient aussi en être
incommodées. On ne peut trop recommander de bons plafonds, quand il y a
des planchers au-dessus des bergeries,
afin qu'aucune ordure, ni paille, ni fane
de fourrage, ne tombent sur le dos des
bêtes et ne salissent leurs toisons.

Les murs par le bas doivent être
recrépis souvent avec un très grand soin,
et les fondations bien garnies de mortier
entre les pierres, et sans laisser des inters-
tices où la vermine pourrait se loger, et
principalement la musaraigne, espèce
de rat de la grosseur d'une petite souris
ayant le museau très allongé. M. Bosc,
dans le nouveau Cours d'agriculture,
pense que cet animal n'est point dangereux : il se trompe. J'ai vu dans l'espace
de peu d'années une vingtaine de brebis
blessées par le fait de la musaraigne. Plusieurs en sont mortes, d'autres, après
avoir surmonté le mal, sont restées avec
une seule tétine, ayant perdu l'autre par

la morsure de cet animal, qui est extraordinairement venimeux. Il vit ordinairement dans les bois. L'hiver, il se réfugie souvent dans les bergeries et autres locaux où il peut trouver de la chaleur. Il tette les brebis; cause, s'il les mord, une enflure extraordinaire dans tout le pis et dans les parties qui l'environnent, et très souvent la mort de la brebis en est la suite la plus prompte.

Les granges voûtées, si la construction n'en était trop dispendieuse, avec des aires bien entretenues, seraient de la plus grande utilité. La vermine, les rats et les souris, dans ce cas, s'y introduiraient difficilement et on pourrait la détruire chaque fois qu'on viderait les bâtimens. Quant à leur dimension, si elles peuvent contenir le tiers de la récolte, nous estimons qu'elles sont suffisantes, attendu, comme nous l'expliquerons en parlant de la rentrée des blés, que les meules ou gerbières peuvent suppléer pour le reste. Dans le midi, on n'a pas, ou très peu besoin de granges, attendu que le blé se bat ou se *dépique* immédiatement après la récolte, et presque toujours dans le champ même qui l'a produit. Les pailles et les litières sans liens se mettent en meules. Quoique plus pleines et plus dures que celles du nord, étant presque toutes remplies d'une substance médullaire, on les foule et on les entasse avec assez de solidité, pour rendre les meules impénétrables aux eaux pluviales.

Toutes les terres qui côtoient les chemins devraient toujours être bordées d'arbres. Pourquoi les limites des grandes pièces de terre, celles des domaines, les bords des grands fossés d'égoûts, etc. n'en seraient-ils pas également garnis? Le midi de la France est, à cet égard, d'une triste nudité ; et une partie de la Beauce, ce qui doit étonner, n'est guère mieux traitée sous ce rapport. Le bois y a pourtant une grande valeur, et il y devient plus rare tous les jours. L'olivier, l'oranger et le figuier, si utiles et si agréables à l'œil, prospéreraient dans le midi : dans nos pays de montagnes, au nord comme au midi, le châtaignier serait une ressource précieuse : vers le nord on pourrait choisir entre les arbres à cidre et les arbres de ligne. Des plantations de cette nature dans chaque pays, appropriées aux diverses localités, et comme nous en avons quelques exemples, y porteraient une étonnante augmentation de richesses. Les bords des lieux humides, ceux des rivières et des ruisseaux devraient être plantés en bois blanc, peupliers gris ou blancs de Hollande principalement. Ce bois d'une végétation si prompte procurerait des planches pour ménager celles de chêne, et de la petite charpente en chevrons pour les couvertures. Cette charpente ne peut s'employer ni à l'humidité ni à la pluie; elle ne dure pas aussi long-temps que celle de bois dur; mais elle a l'avantage de ne point charger les murs des bâtimens, et par conséquent de les ménager. Dans les environs de Paris, on plante ordinairement des ormes pour border les chemins publics. Dans les promenades, on les forme en éventail avec le croissant; et sur les routes, on les ébotte tout le long du corps. Ce mutilement les rend hideux, et détruit tout l'ombrage qu'ils devraient procurer aux voyageurs. Pourquoi ne point les abandonner à leur forme naturelle, si belle lorsqu'on prend seulement le soin d'en corriger quelques écarts? Dans les promenades de la ville, à Toulouse, on y voit des ormes, et à Perpignan des platanes ainsi dirigés, qui sont d'une beauté et d'une majesté ravissantes. Ce qui décourage souvent les propriétaires de faire les plantations que pourraient comporter leurs propriétés, c'est le peu de résultat qu'on obtient de l'ignorance des planteurs. Il faut bien se pénétrer que dans tous les terrains médiocres, on ne peut espérer de succès, si on n'a pas le soin d'ouvrir de bonnes tranchées dans toutes les lignes de plantations, c'est-à-dire de faire un défoncement continu du terrain dans les lignes sur quatre, cinq ou six pieds de largeur, et sur deux à trois pieds de profondeur, et si l'on ne fait pas ensuite le choix de son plant avec intelligence.

CHAPITRE IV.

Des Terres.

Quelques auteurs ont cru pouvoir classer les terres, en les divisant par leurs couleurs, dans lesquelles ils ont cru voir leur qualité; mais c'est un faux principe; les couleurs les plus favorables en apparence, en présentent quelquefois de très peu productives. La géologie prétend que les véritables espèces de terres, s'il en est d'entièrement pures, sont par elles-mêmes infertiles. C'est leur mélange qui les rend propres à la végétation ; et alors elles doivent prendre le nom de l'espèce qui domine dans leur composition, sans égard à la couleur qui, comme dans toutes les choses colorées, n'est pas toujours due à la matière la plus volumineuse et la plus considérable.

Les quatre espèces de terres qui jouent le principal rôle dans le phénomène de la végétation, sont l'argile, la calcaire, la silice ou le sable, et la décomposition des substances animales et végétales , qu'on nomme *terreau* ou *humus.*

Pour qu'une terre puisse devenir très fertile, il faut qu'elle soit légère et qu'elle ait, en même temps, assez de corps et de liaison , pour que la fraîcheur puisse s'y maintenir et les plantes s'y enraciner et s'y soutenir , tandis que les pores néanmoins en sont ouverts à l'action de l'air et de la chaleur.

L'argile rend les terres très compactes, et souvent très humides, parce qu'elle retient trop les eaux , soit à sa surface , soit dans son intérieur, lorsqu'elles y ont pénétré. La terre où elle domine s'appelle *terre forte*, ou terre glaiseuse : elle est ordinairement propre à la culture du froment.

« Ici, la terre est forte, et Cérès la chérit ;
« Ailleurs , elle est légère, et Bacchus lui sourit. »

Le sable produit un effet contraire à l'argile. Les terres où il domine, qu'on appelle siliceuses, ne peuvent retenir l'humidité, pas même le terreau, parce que les eaux qui s'y infiltrent trop facilement le perdent avec elles, et l'entraînent d'autant mieux qu'à raison de sa légèreté il tend toujours à rester à la surface.

La calcaire, les craies et la marne absorbent les eaux, et conservent l'humidité jusqu'à un certain point. Mais si la calcaire est en masse, absorbant beaucoup d'eau par sa nature, il arrive quelquefois qu'une légère couche seulement du terrain en est pénétrée : les eaux ne pouvant plus passer au-delà, sont bientôt absorbées par le soleil.

La couleur noire ou brune indique souvent une bonne terre, parce qu'elle peut tenir cette qualité d'un mélange abondant de terreau. Cependant si elle contenait des tourbes, elle ne deviendrait productive qu'après avoir été long-temps exposée à l'action de l'air ; et si elle tenait sa couleur d'une composition de houille, elle serait toujours très peu ou point du tout fertile.

Les terres blanches, dont la couleur peut provenir d'un mélange considérable de calcaire, ne donnent pas autant à espérer que les noires ; elles n'absorbent pas non plus assez les rayons du soleil.

Aussi s'en trouve-t-il rarement qui soient de première qualité.

Les terres rouges contiennent presque toujours des matières ferrugineuses. Elles sont, par conséquent, ou mauvaises ou médiocres, selon la force du mélange. Mais il s'en trouve d'un rouge pâle, qu'on appelle *franches*, qui produisent du froment en abondance. Elles sont en général composées d'argile mêlée au-delà de moitié avec de la silice et de la calcaire, et beaucoup de terreau. Telles sont une partie de celles des environs de Louvres, de Roissy, du Tremblay, département de Seine-et-Oise, si connues par les belles récoltes de froment d'hiver qu'on y fait de temps immémorial.

Il y a des terres qu'on appelle *froides*; pour l'ordinaire elles sont composées d'argile et de sable graveleux, reposant sur un fond presque tout d'argile. Il y en a beaucoup de cette espèce dans la Sologne, entre Orléans et Vierzon. Les eaux, qui y séjournent trop, empêchent le soleil de les réchauffer au printemps. Elles sont d'une culture très difficile : des billons

bien bombés y seraient très convenables;
le blé y gèle souvent parce qu'il y reste
trop long-temps le pied dans l'eau et
dans les glaçons des petites gelées. Ce
qui y végète le mieux, ce sont les bois
forestiers, le chêne et surtout le bouleau.
Avec quelques soins, le châtaignier et le
frêne y viendraient également bien.

Le terreau, quoique non usé, n'est favorable aux plantes qu'autant qu'il est
exposé à l'action de l'air pendant quelque temps. La couche de terre végétale
qui en est composée en partie ne peut
donc se trouver qu'à la surface du sol. Il
est très facile de la reconnaître, car elle
tranche toujours avec la couche sur laquelle elle repose. Elle a quelquefois un
tiers de mètre et même beaucoup plus
d'épaisseur; plus souvent, un sixième environ. C'est à-peu près ce que réclament
les céréales, presque toutes les plantes
herbacées, et même la plupart des arbres,
quand, au lieu de reposer sur la roche,
sur une craie ou autre mauvais terrain,
elle a pour soutien une terre rouge,
ou seulement une glaise marneuse ou sa-
blonneuse, dans laquelle les végétaux

qui pivotent beaucoup peuvent y pénétrer, et vivre par le moyen du terreau qui
s'y introduit avec leurs racines.

Il paraît évident qu'excepté le cuscute,
le gui, etc., qui s'implantent sur les autres végétaux, aucune graine ne peut se
développer que dans de la terre végétale,
qui se compose en partie de destructions
d'individus.

Mais, dira-t-on, comment ont pu se
former les premières plantes? Cette question tient à l'histoire naturelle. Elle fait
partie des causes premières qui nous seront infailliblement toujours inconnues.
Nous ne connaissons pas plus les causes
de l'origine des plantes que nous ne connaissons celles de l'origine des animaux,
soit terrestres, soit marins. Seulement
nous pouvons concevoir que si l'existence
des animaux a précédé celle des plantes,
la décomposition des premiers a pu fournir l'aliment des autres. On peut encore
assurer que, dans les environs des vol-
cans et dans plusieurs endroits d'où la
mer se retire, et où il ne se trouve ni
limon ou terre d'alluvion, ni terreau, la
surface du sol ne produit rien d'abord.

Il y naît ensuite des lichens, des mousses, et enfin, après des laps de temps plus ou moins considérables pour amasser de la terre végétale, des plantes plus vigoureuses. D'où il doit résulter, contre le sentiment de Buffon, que la terre végétale, quoique les eaux en entraînent beaucoup à la mer, doit toujours, si ce n'est sur les montagnes, augmenter en épaisseur; puisque les végétaux, trouvant une partie de leur nourriture dans l'atmosphère qui elle-même tire beaucoup de la mer, par les vapeurs et les brouillards, rendent plus à la terre qu'elle ne leur a donné.

Une culture bien ordonnée améliore le terrain ; c'est une vérité qu'on n'a peut-être pas encore assez observée. Les riches campagnes de la Beauce, de la Brie et de l'ancienne Ile-de-France vaudraient celles de la Flandre, si elles avaient été toujours aussi bien cultivées, et surtout soumises à la culture d'une aussi grande variété de plantes pivotantes et herbacées.

Combien, dans tout pays, les terrains rapprochés des habitations de l'homme ont-ils été rendus meilleurs par la culture! Quelle différence entre la fertilité des jardins et celle des champs! Je connais des lieux jadis en potager et aujourd'hui en plein champ, où trente années et plus d'une mauvaise culture n'ont pu détruire totalement l'abondance annuelle d'une végétation qu'on est loin de remarquer dans les terrains adjacens, qui ont toujours été abandonnés à des assolemens mal conçus.

C'est le temps, la nécessité et l'industrie qui produisent et changent tout dans le monde. On nous rapporte que le territoire de la Chine est couvert d'une immense quantité de réservoirs d'eau, qui permettent d'arroser presque toutes les campagnes, sans quoi la culture du riz, de principale nécessité pour les Chinois, serait très peu étendue. Ne serait-il pas ridicule de dire que c'est à la nature qu'on doit cet ordre de choses? Il prouve au contraire que la Chine a été habitée depuis des siècles infinis; que ses premiers habitans ont adopté le riz pour nourriture; qu'ils se sont fixés primitivement dans les lieux où les rizières pouvaient être arrosées naturellement par le débordement des rivières ; que l'accroissement de la population et les besoins publics les ont portés à former d'abord des réservoirs d'eau dans les lieux où cela était très facile, et, de proche en proche, dans presque toutes les campagnes, en surmontant des obstacles qui leur auraient paru d'une exécution absolument impossible dans l'origine de leur établissement.

Notre agriculture a coûté bien moins de peines. De la terre végétale est notre mobile principal ; et la nature, loin de présenter des obstacles à sa formation, concourt puissamment avec les travaux de l'homme à la procurer.

Un moyen fort simple d'augmenter la profondeur du sol végétal, c'est d'enfoncer de temps à autre la charrue ; de manière à ramener à la surface un peu de la couche inférieure. Néanmoins, il faut observer que cette pratique pourrait être nuisible, si l'on n'y joignait pas en même temps de bons et riches engrais pour augmenter la masse du terreau.

Enfin, l'essentiel, pour l'amélioration et le bon entretien du sol, c'est de ne jamais laisser les terres en friche. Si l'on se trouve obligé de faire des jachères, il faut que ce ne soit que pour donner aux terrains tous les labours et les binages convenables, afin de les purger de chiendent et d'autres mauvaises plantes. La réussite et la netteté du froment tiennent principalement à ce travail, et toutes les prairies artificielles ne prospèrent très bien que dans les terrains qui, sans interruption, ont été, avec des engrais suffisans, soumis à la culture de plantes variées et alternées, et, par conséquent, à des labours aussi profonds que le permet le sol, et à des hersages répétés, faits avec plus d'intelligence qu'on ne le pense généralement. Ces objets demandent, de la part du cultivateur, une attention très particulière.

Une chose qui demande encore tous les soins du cultivateur, c'est de ne jamais s'en rapporter à des travaux qui ne produisent que de chétives récoltes. Un excellent produit en amène un autre, quand le cultivateur donne à sa terre toute la culture dont elle a besoin. Les terres produisent plus, sans exiger plus d'engrais ; tandis que fournissant plus de paille et de fourrage artificiel, elles donnent pourtant plus de moyens pour s'en procurer encore, parce qu'elles permettent de nourrir beaucoup plus de bestiaux, ou de les mieux nourrir, ce qui revient au même ; car les bêtes ne rendent des excrémens de toutes espèces que dans la proportion des alimens qu'elles prennent.

La nomenclature des différentes terres nous porte naturellement à parler d'une erreur qu'il importe de ne point laisser se propager parmi les cultivateurs. Pour connaître, leur ont dit quelques agronomes, les qualités de vos terres et les produits qu'elles peuvent donner, examinez quelles sont les plantes qui y végètent spontanément. Cette observation n'est pas toujours juste. De ce que diverses plantes ne se trouveraient pas dans un canton, il n'en faudrait pas conclure qu'il ne peut les produire avec avantage, non plus que les espèces qui semblent sympathiser avec elles ; car souvent, s'il ne les produit plus, c'est qu'il a usé tous les principes qui leur étaient favorables, ou qu'une culture soignée en a fait perdre les semences.

Une forêt, maintenant garnie de chênes, se sera, dans quatre cents ans, en supposant que ce soit la durée de ce bois, repeuplée successivement par d'autres essences.

Je connais un pays où on plante beaucoup de bouleaux, espèce dont la souche dure à peine un siècle. On y voit des taillis qui ont été plantés par des personnes encore vivantes ; déjà plus d'un tiers des bouleaux n'existent plus : ils s'y trouvent remplacés par des chênes, des coudriers, des marsaults, des charmes, etc., dont les graines ont été apportées par les vents ou par les oiseaux, et que la dent des bestiaux, attendu que ces bois sont parfaitement conservés et respectés par les pâtres, n'a pu en arrêter ni en empêcher le développement.

Mais combien une terre restera-t-elle sans pouvoir produire avec succès les mêmes choses? Rien n'est encore, à cet égard, bien constaté. Il semble qu'il faille un temps à peu près égal à celui du développement du germe à la maturité ou

au terme de l'existence ; et, par conséquent, si la plante est annuelle, il faudra
au moins un an, et si elle est bisannuelle,
deux ans. Cependant, on peut quelquefois
choisir des espèces très rapprochées. C'est
ainsi qu'on voit, dans certain terrain, le
poirier végéter avec un succès passable
après le pommier, et qu'on voit de même
succéder l'avoine au blé, quoique l'une
et l'autre de ces dernières plantes soient
dans la classe des céréales.

Mais que dirons-nous de cette igno-
rante culture qu'on pratique encore dans
certaines provinces de France. Dans l'ancien Berri, par exemple, on voit, en quelques cantons, des terrains soit riches, soit
médiocres, rester trois, quatre et même
cinq ans en friche. Ensuite, on leur donne
des labours pitoyables, avec de mauvaises
et longues charrues, armées, au lieu de
soc, d'une simple pointe de fer, sans aucun
hersage, avec un engrais peu abondant ;
et après y avoir fait de médiocres récoltes
de blé, on y fait de la marsèche, et ensuite des avoines d'une végétation toujours misérable, comme on peut le croire,
qui remboursent rarement le prix des

façons, quelque peu coûteuses qu'elles soient. Tant qu'on y suivra un aussi triste assolement, tant qu'on y travaillera avec aussi peu d'intelligence, jamais on n'y obtiendra de bonnes prairies artificielles, et jamais on n'y améliorera la culture; jamais même on n'y améliorera la race des bêtes à laine, qui y donnent néanmoins, malgré leur triste état et leurs toisons du poids d'environ un kilogramme, et vu la mauvaise culture des céréales, le revenu principal et le plus certain pour le propriétaire. On y verra toujours de pauvres métayers, sans force et sans courage, se nourrir de mauvais pain de marsèche, et porter au marché tout le blé de leur récolte, afin de solder ce que les toisons de leurs troupeaux, qui pourtant ont occupé toute leur famille ou les domestiques qu'ils ont associés à leur malheureux sort, n'ont pu payer de leur fermage, et pour alimenter trente à quarante mille citadins que peuvent contenir toutes les chétives villes de la province.

CHAPITRE V.

Des amendemens et des engrais.

L'on n'examine jamais les effets de la nature, que l'excellence de son travail ne nous pénètre d'admiration. Que de merveilles elle offre à nos regards! Quelle que soit la science à laquelle nous voulions nous initier, nous trouvons partout, en vertu de l'ordre général établi, la main protectrice de l'Être suprême qui veille sur nos destinées; eh! où la main de Dieu est-elle mieux marquée que dans l'agriculture? Le temps a-t-il détruit des individus, la nature tire aussitôt parti de leur décomposition, pour nourrir de nouveaux êtres. Elle ne se repose jamais; elle ne veut rien laisser dans l'inaction. Cette vérité, démontrée dans les trois règnes, est surtout d'une évidence palpable dans le règne végétal. Mais nourrit-elle les objets de la destruction de leurs analogues? Non, il ne le semble pas; c'est une sorte de désordre qui pro-

duit l'ordre et des merveilles. Un changement sans fin tend à la reproduction, et la forme et l'espèce de chaque
chose né semblent déterminées que par
des combinaisons dont le principe nous
sera sans doute éternellement inconnu.
Il paraît indifférent à la nature que telle
ou telle chose prenne naissance ; c'est
pourquoi, dans sa généreuse bienveil-
lance pour l'espèce humaine, elle lui a
donné le pouvoir de porter à la reproduction les objets qui sont les plus nécessaires à son existence.

Nous répandons dans un champ les
grains qu'elle a produits, pour principes de nouveaux êtres : et pour donner encore à ceux-ci un développement
plus heureux, nous pouvons apporter
dans le champ le résidu d'objets décom-
posés, c'est-à-dire, du fumier ou de
l'humus. Les plantes alors prospèrent
plus vigoureusement que si l'aliment de
leur végétation avait toujours été aban-
donné au seul soin de la nature : voila
l'objet de l'engrais.

Nous observons que, pour donner plus
d'activité à l'humus, nous avons encore

la marne, la chaux, le plâtre, etc., qui ont la propriété de le dissoudre promptement et de le rendre plus propre à alimenter les plantes : voilà l'objet de l'amendement.

Or, on distingue l'amendement de l'engrais. L'engrais est une véritable nourriture, et l'amendement n'est qu'un stimulant qui agit sur la terre végétale, autant dire comme les épices sur l'estomac de l'homme.

Nous avons dit au chapitre précédent que toutes les terres pures étaient infertiles, et qu'en les mélangeant la nature formait de la terre végétale. En imitant son travail, nous amenderions les terres dont la combinaison n'est pas heureuse. C'est ainsi qu'on rend une terre forte plus légère, en y mêlant du sable. Mais ce moyen est trop coûteux pour être pratiqué dans la grande culture; ce n'est pas là maintenant notre objet : nous ne parlons que des amendemens qui ont la qualité de rendre plus actif l'effet des engrais, dans les terres toutes formées et soumises à une culture bien ordonnée.

La marne, ce me semble, doit être con—

sidérée comme le premier des amendemens. C'est une terre onctueuse et grasse
qui fuse comme la chaux, surtout lorsqu'elle est très calcaire. Elle absorbe
beaucoup d'eau, soutire de l'air l'acide
carbonique, dissout l'humus, rend les
terres fortes plus légères, conserve l'humidité dans les sécheresses de l'été, et
dans l'hiver, au contraire, elle rend plus
saines les terres compactes et humides,
parce qu'elle les tient plus légères, et
qu'elle permet aux eaux surabondantes
qu'elle ne peut absorber de s'infiltrer
dans les couches inférieures, de suivre
les pentes et de gagner le fond des billons, des sangsues et des fossés.

Il se trouve des marnes de différentes
couleurs, bleues, rouges, jaunes, qui
sont quelquefois passables; mais la blanche en général est toujours la meilleure.
Il faut qu'elle ne soit ni ferrugineuse, ni
saline, et qu'elle renferme peu de ma-
gnésie : ces matières ne sont pas favorables à la végétation. Quelquefois on
trouve la marne presque à la surface de
la terre, maintes fois à des profondeurs
plus ou moins grandes, et souvent après

une légère couche de glaise. Lorsqu'on
la tire d'une certaine profondeur, il est
bon, avant de l'employer, de l'exposer quelque temps à l'action de l'air; car
elle s'y charge d'acide carbonique, qui
paraît être d'une grande importance dans
les phénomènes de la végétation.

Les terres légères sont celles où la
marne offre les plus faibles résultats; les
terres franches et fortes s'en accommodent très bien. Pour les premières, plus
elle est glaiseuse et grasse, plus elle leur
convient; pour les autres, on doit la préférer lorsqu'elle est plus calcaire et plus
sèche. Répandez-la toujours de préférence sur les terres dans la saison des
gelées; et enterrez-la au printemps par
le moyen d'un binot ou léger labour.

En quelle proportion la marne doit-
elle s'employer? Une grande quantité
pourrait être nuisible, parce qu'elle agi-
rait trop fortement sur l'humus; et une
mesure générale n'est pas facile à donner. Il y a des terres où vingt mètres cu-
bes par hectare sont suffisans; d'autres
où il en faut davantage. L'on prétend
même qu'en Angleterre il y a des culti-

vateurs qui en répandent un pouce, au
moins, sur tout le sol, et qui s'en trouvent bien. Si vous ne connaissez pas la
proportion qui convient à vos terres,
faites des expériences ; mettez-en peu
d'abord, et augmentez la quantité tant
que vous en obtiendrez d'heureux résultats. Mais engraissez vos terres en même
temps avec des fumiers. Il est notoire
que la marne, comme aussi presque tous
les autres amendemens, tend à épuiser
les terres. Il faut donc leur donner des
engrais à proportion qu'en consomme la
culture stimulée par les amendemens ;
en effet on voit des terres marnées sans
le soutien des engrais devenir bientôt
très pauvres en fait de végétation. C'est
ce qui a fait dire souvent que la marne
peut enrichir le père et appauvrir les
enfans.

Combien de temps durent les bons effets de la marne ? C'est encore une question à laquelle on ne peut faire de ré-
ponse positive ; cela dépend des différens terrains : dix ou douze ans, c'est le
terme ordinaire.

La chaux, pierre calcaire, qui a perdu

son eau de cristallisation par l'action du feu, est encore un bon amendement. Elle est souvent dispendieuse, et pourtant inférieure à la marne, à moins qu'on n'ait des insectes à détruire. Il faut, dans ce cas, la réduire en poudre, et la répandre, lorsque les plantes ont quelques pouces de hauteur, par un temps humide, autant que possible. Le semeur doit avoir soin de suivre le vent, autrement ce travail ne serait pas pour lui sans danger.

La chaux amoncelée, attirant à elle une trop grande masse d'acide carbonique, fait mourir, sans doute par excès de stimulant, les plantes qui l'avoisinent. C'est par cette raison que souvent la chaux des murs nuit aux espaliers. Il faut avoir soin de la répandre en petite quantité. Un boisseau de douze litres par are, est une mesure qu'on ne doit pas dépasser, quand on n'a pas encore acquis d'expérience pour faire le contraire.

Les cendres ont à peu près les mêmes propriétés que la chaux éteinte, réduite en poudre. Elles renferment de plus des sels alcalins. Comme tous les absorbans de carbone, elles peuvent, employées en trop grande quantité, être nuisibles, suivant la proportion de potasse qu'elles contiennent, parce que cette dernière matière agit très fortement sur l'humus. Par cette raison, la potasse pourrait aussi, en petite quantité, servir d'amendement ; mais son prix élevé ne peut permettre de l'employer à cet usage.

Les anciens nous ont laissé la pratique de brûler les chaumes sur le terrain après la récolte pour y tenir lieu d'amendemens et d'engrais.

« Cérès approuve encor que des chaumes flétris
« La flamme, en pétillant, dévore les débris. »

Il vaut mieux couper les pailles rez terre, et les porter à la ferme pour en nourrir les bestiaux, pour en faire des litières et des fumiers, qui présentent bien plus d'avantage.

Le plâtre, ou le gypse, depuis quelque temps, s'emploie avec succès sur les prairies artificielles, les luzernes, les trèfles, les sainfoins, qu'il ranime souvent d'une manière étonnante. La meilleure époque pour le répandre, lorsqu'il est calciné et réduit en poudre comme pour la bâtisse, c'est au printemps, lorsque les plantes ont un ou deux pouces de végétation. Il faut choisir un temps brumeux, devant être suivi de pluie. Cette opération, précédant une grande sécheresse, serait presque nulle. Un muids du poids de dix-huit cents kilogrammes est une mesure assez ordinaire pour un hectare.

L'on a toujours pensé que le sel marin rendait les terres infertiles. Des conquérans en ont fait répandre sur le territoire des peuples vaincus : Frédéric 1er, empereur d'Allemagne, l'a fait sur le territoire de Milan. Plusieurs cantons, en Egypte, en Perse, en Syrie, qui en sont imprégnés, s'opposent à toute culture, et ne produisent quelquefois çà et là que des soudes et de faibles pâturages. Les terres vers l'embouchure de l'Èbre, en Espagne, toutes composées de limon, par alluvion, formant terre franche à l'œil, d'une apparence superbe, seront long-temps infertiles par la même cause. Cependant le sel, ayant la propriété de dissoudre l'humus, a quelquefois été em-

ployé comme amendement, mais en très
petite quantité.

La décomposition des plantes exposées
à l'action de l'air produit du terreau. Si
cette décomposition s'opère dans l'eau,
elle produit des tourbes, et les tourbes
après leur analyse donnent, de plus que
le terreau, une huile qui n'est autre chose,
sans doute, que la décomposition du mu-
cilage des plantes, qui s'évapore dans la
formation du terreau. Les tourbes ré-
pandues sur les terres, après avoir été
réduites en poussière, y produisent souvent de bons effets.

Voulez-vous rendre des tourbières propres à la culture ? Faites-en écouler les
eaux avec grand soin. On peut ensuite
en brûler la surface, et par des labours
exposer la terre à l'action de l'air. Cette
opération a produit en Hollande de très
riches propriétés. Les terrains qui ont
été ainsi travaillés sont ordinairement
favorables aux plantes herbacées avant
de pouvoir produire des arbres.

L'écobuage est encore un amendement.
Pour écobuer, on lève tous les gazons
d'un terrain, et l'on en forme de petits

tas, qu'on réduit en cendres par l'action
du feu. Ce procédé, qui enlève aux terres toutes les parties huileuses et laisse
le sel dans les cendres, est un amendement souvent dangereux, surtout sur les
côtes de la mer, où les terres, comme les
plantes, sont imprégnées de beaucoup de
matières salines. Cette opération ne peut
être heureuse que dans les terrains maré-
cageux et substantiels, où il s'agit de
détruire de mauvaises accrues et des insectes. Elle est encore bonne pour les
défrichemens des terrains froids, glaiseux, graveleux, siliceux, reposant sur
argile, et qui sont fortement plantés et
remplis de racines de brandes ou grandes
bruyères. Dans ce cas, une partie de l'ouvrage peut se faire avec des charrues, et
alors il convient d'en faire construire de
plus fortes dans toutes leurs dimensions
que celles ordinaires. Avec leur secours,
et seulement quatre chevaux ou bœufs,
on lève tout le gazon et la surface du terrain avec les racines de bruyères. Aussitôt
le beau temps arrivé, on fait ramasser le
tout par tas, et l'on y met le feu; après
quoi on peut répandre les cendres, et se-

mer sur un labour qu'on donne ensuite.
Il n'est pas rare de voir la première récolte vous rembourser tous les frais.

La terre et les plantes peuvent recevoir d'autres amendemens, et la nature
en fait les principaux frais. Les pluies
tombant à propos, la lumière céleste, les
gelées, les neiges, les chaleurs, les vents,
les nuages, ont une influence bien marquée sur la végétation comme sur la vie
animale.

Mais il est inutile, sans doute, de nous
arrêter davantage aux amendemens que
produit la nature. L'homme qui cultive
dans les champs n'est pas le maître d'en
disposer à son gré. Il les prévoit seulement autant qu'il lui est possible pour
faire ses semis et ses travaux. Le jardi-
nier, plus heureux, peut les imiter par
l'arrosage, les serres, les abris, etc. Ceux
qui sont à même d'obtenir des irrigations
sont dans un cas bien favorable; car s'ils
cultivent avec intelligence, ils peuvent
être assurés d'avoir des produits extraordinaires, et surtout dans les prairies artificielles. Il est étonnant qu'étant pra-
ticables dans beaucoup de lieux, on en

fasse généralement aussi peu d'usage. Il n'y a que la nécessité, causée par les chaleurs desséchantes du midi, qui puisse pour l'ordinaire stimuler, à cet égard, l'industrie du cultivateur.

Nous conclurons donc que les amendemens des terres sont très utiles. Nous allons voir que les engrais le sont encore davantage. Le terreau qu'ils produisent est le principe solide et véritablement actif de tout ce qui végète. Si cela n'est pas encore démontré par la physique rurale, on peut au moins assurer que l'expérience de tous les temps ne nous en laisse point douter. La décomposition des fumiers prouve qu'ils renferment, nous assurent les chimistes, du sable, de l'argile et de la chaux; et quoiqu'ils contiennent déjà de l'acide carbonique, ils en attirent encore ainsi que de l'humidité. Ils agissent donc aussi comme amendement. Ils produisent de la chaleur, font effervescence dans les terres, et les allègent. Seuls avec les labours, ils peuvent produire de bonnes récoltes; et sans eux, il n'y a point de culture qui ne soit bientôt misérable.

Les meilleurs engrais se trouvent dans les boucheries. La décomposition du sang, des boyaux, des charognes, mêlée même avec des litières, a là vertu fertilisante au premier degré ; mais jamais il n'est à la disposition des fermiers d'avoir beaucoup d'engrais de cette espèce. Les pailles sur lesquelles les bestiaux ont couché et laissé tomber leurs urines et leurs fientes composent les fumiers qu'on trouve dans les fermes. Celui de cheval et d'âne tient le premier rang. Ensuite vient celui de mouton et de chèvre. Celui des bœufs, des vaches et des cochons leur est inférieur ; il est beaucoup plus froid, plus compact, et, par cette raison, convient mieux aux terres chaudes et légères qu'aux terres froides, humides et fortes.

Dans la plupart des fermes, les diverses espèces de fumiers ne sont point séparées. On les mêle, mais c'est une opération qui se fait souvent avec trop de négligence. On les jette çà et là dans les cours, sans aucun soin. Le trépignement des hommes et des bestiaux les brise, et les eaux, principalement celles des égoûts, les lavent, les empêchent de fermenter, et leur enlèvent leurs meilleurs principes.

Un moyen simple pour former de bons engrais, c'est d'avoir, dans le milieu d'une cour, un trou large et aussi profond que peut le permettre l'enlèvement du fumier, entouré d'un léger exhaussement de terre, disposé de manière à ce qu'on y puisse faire entrer à volonté les eaux des égoûts. Le fumier qui a trop d'humidité ne fermente pas; celui qui n'en reçoit point assez se dessèche, ou blanchit et moisit sans se former. A l'aide du moyen que je propose, les fumiers fermentent bien, et acquièrent en deux ou trois mois la meilleure qualité. Dans cet état, vingt charretées du poids de mille à quinze cents kilogrammes suffisent pour amender un hectare de terre, et mille bottes de paille du poids de cinq à six kilogrammes, données aux bestiaux pour litière et pour nourriture, en hors-d'œuvre, peuvent les fournir, étant réunis aux matières excrémentielles.

Quant aux excrémens humains, il y a des pays où on les répand liquides sur les terres en sortant des fosses. La Flandre doit à ce procédé une partie de ses belles récoltes et de son intelligente culture. Auprès de Paris, on les réduit en poudrette : alors ils sont moins dégoûtans à employer ; mais les opérations qu'on leur a fait subir diminuent leur qualité, et par conséquent leur influence. Enfin, on ne peut guère, dans cet état, les considérer que comme amendement. Ils produisent très peu de terreau ; mais bien des sels alcalins et de la chaux, qui ont la qualité des meilleurs amendemens : néanmoins, quinze ou seize sachées par hectare, dans une terre qui n'est pas épuisée de longue main, peuvent y devenir le principe d'une belle récolte de céréales. Il en faudrait davantage, surtout pour les plantes oléagineuses et les corticales.

La colombine et la poulée, qui n'ont fermenté qu'à demi, produisent les blés de la plus belle qualité. Il en faut une vingtaine de sachées de quinze décalitres par hectare.

Le tan, c'est-à-dire l'écorce de chêne qui a servi aux tanneurs, la décomposition des saules et d'autres vieux arbres, offrent aussi des terreaux très précieux.

7

En traitant des diverses plantes, nous parlerons de la manière d'enterrer les engrais. Nous dirons seulement ici que ceux qui se répandent au semoir s'enterrent avec la herse comme les grains; que sur les trèfles on répand les engrais pour rester à la surface, autant de temps que dure la prairie, et que la végétation de l'herbe les tient frais, et facilite, non pas sans quelque perte, leur décomposition en terreau. Notez qu'on aurait de meilleurs fourrages, si l'on ne fumait pas les trèfles, et qu'on ne les obtiendrait pas moins d'une belle végétation, si on avait toujours soin de ne les semer que dans des terres bien nettes et bien engraissées.

Il nous reste encore à parler du parcage des moutons, qui, dans la grande culture, est d'une si haute importance. Dans les cantons où l'on pratique la jachère et l'assolement triennal, souvent les fermiers emploient le parcage trois ans après avoir employé le fumier, et réciproquement.

Le parc, comme on sait, composé de claies pour déterminer l'enceinte, retenir

les moutons et les garantir du loup, se
change ordinairement de place deux fois
par nuit : à huit à neuf heures du soir, et à
deux à trois heures du matin. On fait
sortir les moutons vers les neuf à dix
heures. Par ce moyen, trois cents bêtes
de forte taille, ou quatre cents de médiocre, peuvent parquer un hectare de
terre en sept ou huit jours ; et si l'on
peut parquer pendant cent cinquante
jours, on aura procuré de l'engrais à
dix-huit hectares de terre, au moins.
Quand le soleil n'est pas trop ardent, on
peut faire encore une portée entre le dé-
jeûner et le souper des bêtes. Veut-on
que le parc soit plus fort, on ne fait par
nuit qu'une seule portée de claies. A la
vérité, on avance moins vite ; mais cela
ne se pratique ordinairement que pour
les terres très altérées.

Quelquefois les bergers, par paresse,
portent les fermiers à leur donner assez
de claies pour ne faire par jour qu'une
seule et grande portée. Dans la nuit,
lorsqu'ils se réveillent, ils entrent dans
le parc pour forcer les moutons à chan-

ger de place. Ce procédé est vicieux, et ne permet pas que les excrémens et le suint soient répandus également.

Le parcage, dans les environs de Paris, commence ordinairement vers la mi-mai, et se continue jusqu'aux premières pluies froides du mois de novembre. Ayez soin d'enterrer le résultat à fur et à mesure, et surtout dans les grandes chaleurs, afin qu'il ne se dessèche point.

Enfin, ne pouvez-vous vous procurer ni assez de fumier, ni assez de parcage, enterrez comme engrais, des vesces, des sarrasins, des secondes coupes de trèfle, au moment de la floraison; c'est une pratique qui nous est venue des Romains. Enterrer une plante c'est une perte, sans doute, mais compensée par les produits à venir. Ajoutons que le trèfle, lorsqu'il a poussé fortement, et qu'on l'a toujours coupé avant ou au moment de la floraison, a non-seulement conservé les sucs de la terre, en la tenant toujours dans un état de fraîcheur, mais qu'il lui donne encore, après être enfoui, un nouveau principe de végétation, par le moyen de

ses racines multipliées, bientôt décom-
posées en terreau, qui influent sur la végétation des fromens, et encore plus sur
celle des avoines.

7.

CHAPITRE VI.

Des Assolemens.

L'on a eu souvent à déplorer l'aveuglement des peuples, par rapport à la routine qu'ils ont suivie dans les arts, et principalement en agriculture. En effet, on pourrait trouver l'esprit qui dirigeait celle-ci inférieur à l'instinct de plusieurs animaux. Dans leurs travaux, ceux-ci perfectionnent très peu ; mais on y trouve rarement un déclin sensible; au lieu qu'on a vu l'agriculture jadis tomber dans un état si malheureux, qu'on aurait pu croire que les êtres qui s'en occupaient étaient dénués de toute intelligence. Mais cet ordre de choses, comme nous l'avons déjà dit, s'est amélioré ou s'améliore tous les jours. Il est vrai que dans grand nombre de pays il serait encore essentiel de modifier les assolemens; mais ces changemens ne peuvent s'opérer tous à la fois. Les personnes qui ont porté leurs réflexions sur ce sujet conviendroit qu'il vaut encore mieux que la plupart des assolemens présentement en usage se maintiennent, malgré des défauts, que d'en avoir d'autres entrepris par des gens qui n'y entendraient rien, et qui, loin d'en obtenir des résultats heureux, pourraient altérer encore davantage leurs propriétés, et ôter à leurs voisins toute idée de tenter les améliorations les mieux entendues et les plus favorables à la prospérité publique.

Pour diriger un établissement rural dont le mode de culture est déjà ordonné, il ne faut que du bon sens et de l'activité; mais lorsqu'il s'agit de tout créer ou de changer le système de culture, il faut avoir une connaissance étendue du commerce des produits agricoles, et encore une plus grande pratique de la culture des champs.

Les baux qui se font journellement, et que la loi semble consacrer, s'opposent à la propagation des assolemens où il serait nécessaire d'en changer. Ils défendent de dessoler, de changer la mode, la nature et souvent l'espèce des ensemencemens; c'est une clause d'usage; et leur durée, ordonnée sur divers systèmes de culture établis, trois, six et neuf ans, est encore un véritable obstacle.

Tous les végétaux ont indubitablement des suçoirs pour prendre leur nourriture. Plus ils sont jeunes, plus ces suçoirs sont ouverts et libres, et plus ils paraissent pomper d'atomes répandus dans l'atmosphère. En vieillissant, leurs pores se rétrécissent, leur fibres se resserrent, et leurs racines seules conservant encore de la sève et de la fraîcheur, c'est de la terre alors, on n'en peut douter, qu'ils tirent la plus grande partie de leurs alimens.

Quand on veut établir ou changer l'assolement de ses terres, il faut donc, suivant leurs qualités, adopter des plantes qui se dessèchent plus ou moins vite. L'écorce et le tissu des plantes oléagineuses, en général, prennent une forte consistance au temps de la floraison, et quelques-unes même avant ce terme. Les plantes légumineuses ont les pores plus long-temps ouverts; souvent elles restent, pour ainsi dire, dans un état herbacé, jusque dans la maturité de leur fruit. Plusieurs se récoltent même en vert pour fourrages; d'autres se récoltent en racines, et par conséquent avant d'avoir parcouru le cercle entier de leur végétation et quelquefois même avant de fleurir. Elles sont donc, tant qu'elles restent en culture, plus exposées aux influences de l'atmosphère; or, elles doivent moins épuiser le sol.

C'est encore un bon principe, quand on est placé convenablement pour le débit, d'intercaler dans les assolemens les plantes à racines pivotantes et celles dont les racines tracent et s'étendent vers la surface.

En supposant qu'on soit bien placé pour la vente, l'assolement qui me semblerait le mieux convenir aux terres de première qualité serait celui-ci : première année, colza, lin, pavot somnifère, caméline, chanvre avec engrais, etc. ; deuxième année, froment avec parcage, si la terre est un peu altérée ; troisième année, carottes, navets, bizailles, fèves, pommes de terre, etc. ; quatrième année, avoine, orge, scourgeon, blé marsais ou autre, suivi de trèfle ; cinquième année, trèfle avec plâtre ou autre amendement ; sixième année, froment avec parcage, poudrette, etc. Dans le midi, on pourrait, tous les six ans, remplacer le froment par le maïs ou le millet.

Dans les terres inférieures, j'adopterais cet autre assolement : première année, froment ou seigle avec parcage ; deuxième année, pommes de terre, navets, haricots, vesce, lentilles, lupin, caméline, etc. ; troisième année, avoine, orge, seigle ou blé, avec trèfle ou lupuline ; quatrième année, trèfle ou lupuline, encore suivi d'engrais abondans.

L'assolement quatriennal, le plus recommandable suivant nous de tous ceux qu'on a pu suivre jusqu'à ce jour, peut aussi, en l'appliquant dans les bonnes terres, se commencer par la culture des plantes légumineuses, oléagineuses, corticales, etc., si on est dans une position à pouvoir en tirer un parti avantageux. La pratique néanmoins peut exiger des modifications, et nous allons en donner un exemple. Supposons qu'on puisse débiter des betteraves à une sucrerie : je partagerais les terres de ma première sole en deux portions égales : l'une qui recevrait un abondant engrais, et qui serait marnée s'il était nécessaire, serait ensemencée en betteraves ; l'autre portion, prise dans les terres les plus salies par les cultures précédentes , serait menée de jachères , pour être purgée de toutes mauvaises accrues et de plantes parasites, et pour recevoir le parcage d'été. A la deuxième année, je ferais du froment tant sur mes terres parquées que sur le guéret des betteraves de la première année. Notez que les binages ont dû le laisser dans un bon état d'ameublissement et de propreté. A la troisième année, je partagerais encore ma sole en deux portions : celle qui n'a été que parquée, et qui n'a pas été mise en betteraves à la première année , serait bien fumée et ensemencée à son tour en betteraves. L'autre portion de cette sole serait mise en trèfle, en lupuline, en vesce, en légumes, etc. A la quatrième année, toute ma sole serait en avoine ou autres céréales.

Il résulte de cet exposé , que la plante ici que j'affectionne le plus , parce que j'en trouve un débit avantageux , fait toujours à elle seule le quart de la couvraille de mes terres ; qu'elle y reçoit tout mon engrais , à l'exception du parcage, et cela sans préjudice de la culture du froment qui n'en est pas moins étendue; que mes terres sont fumées tous les quatre ans, et parquées tous les huit au moins , et que je n'en ai jamais qu'un huitième en jachères : ce qui, dans les fermes à céréales, est presque toujours indispensable pour pouvoir les tenir nettes d'accrues et leur appliquer les engrais : pour n'être jamais trop surchargé de travaux , et en avoir pourtant à peu près une portion égale en toute saison.

Il faut observer que les prairies artificielles , telles que les luzernes, les sainfoins , qui durent un grand nombre d'années , doivent sortir des soles ordinaires , pour n'y rentrer qu'après leur défrichement, qui doit toujours être immédiatement suivi d'un semis de céréales. Les houblonières, les safranières sont dans le même cas. Il en serait de même de la culture des cotonniers, si l'on pouvait l'établir dans quelques-unes de nos provinces du midi.

Les luzernes et les sainfoins semés

dans un terrain en bon état n'ont pas besoin d'engrais. Celui qu'on veut leur donner pour réparer l'épuisement de la terre leur donne bien un peu plus de vigueur , mais il fait naître aussi le développement de beaucoup de mauvaises herbes qui les altèrent, et souvent même les détruisent en peu d'années , au lieu de les améliorer.

Après des trèfles et des vesces, etc. , qui ont mal végété, on obtient difficilement de belles récoltes de céréales si on n'a pas recours à des engrais abondans et de bonne qualité; mais ont-ils poussé vigoureusement, ont-ils couvert la terre de leur épais feuillage, vous pouvez espérer à leur suite des produits extraordinaires.

Les partisans de la jachère ont prétendu que les terres avaient besoin de repos. C'est un faux principe, puisque la destruction des végétaux dans les terres sans culture leur permet d'en reproduire sans cesse de nouveaux. La terre est toujours féconde lorsqu'on ne la contrarie pas par des semis mal calculés, et qu'on a soin de l'entretenir d'humus par les engrais.

Dans toute culture bien ordonnée la jachère nue, à moins de cas très extraordinaires, n'a lieu que pour donner le
temps d'approprier les terres que les récoltes antérieures ont laissées se remplir
de mauvaises herbes et surtout de chiendent.

Dans plusieurs endroits où la terre est
franche et produit beaucoup de froment,
on alterne souvent blé et jachère. Sur
la moitié environ de celle - ci, on sème
des vesces, des pois, des trèfles, etc.,
pour la nourriture des bestiaux. On peut
croire que Virgile n'ignorait pas cette
pratique.

> « Qu'un vallon moissonné dorme un an sans culture,
> « Son sein reconnaisant te paye avec usure ;
> « Ou sème un pur froment dans le même terrain
> « Qui n'a produit d'abord que le faible lupin,
> « Ou la vesce légère, ou ces moissons bruyantes
> « De pois retentissans dans leurs cosses tremblantes. »

C'est un système qu'on ne peut approuver. Cependant, il faut convenir qu'auprès d'une grande capitale telle que Paris,
où il peut se consommer beaucoup de
paille, il n'est pas aussi dénué de raison
qu'on le pourrait croire au premier abord;

car pour emblaver toutes les jachères, il faudrait beaucoup d'engrais ; et pour cela consommer des pailles qu'on peut vendre un très grand prix. Chaque arpent ou demi-hectare de blé en produit souvent pour cent francs et plus. C'est un revenu net qui récompense de la jachère. On fume seulement pour les semis de vesces et de pois, etc. Le parcage qui est toujours un grand moyen de succès pour la culture du froment et qui réussit à merveille dans ces terres, fait tout le reste de l'engrais : ce qui n'est point coûteux aux fermiers. Au printemps, ils achètent dans les foires, pour augmenter le nombre de leurs troupeaux, des moutons qu'ils revendent souvent avec bénéfice pour la boucherie, lorsqu'à la fin du parcage ils sont engraissés.

Dans d'autres lieux où le débit des plantes corticales et légumineuses n'est pas avantageux, soit à cause du prix de la main-d'œuvre, soit par la difficulté de la vente, vu qu'il y a peu de population, qu'on est loin des manufactures, et que les transports sont chers et difficiles, on pratique, pour n'avoir à exporter que des choses peu embarrassantes, tels que fromages, beurre, bestiaux, toisons, grains, l'assolement de trois ans avec jachères. Dans ce mode, le parcage des bêtes à laine est également d'une très grande utilité.

On fait première année froment ; deuxième année avoine, celle de toutes les céréales qui peut le mieux succéder à une autre sans trop altérer les terres ; troisième année jachères, dont la moitié et quelquefois plus se couvre de trèfle, de lupuline, etc., qu'on a semé dans les avoines. On peut aussi faire des semis de bizailles, pour tenir place de la jachère. Alors on trouve le moyen de nourrir beaucoup de bestiaux, ou au moins de très bien nourrir ceux qu'on a.

A la première période de cet assolement on fume pour le froment ; à la seconde, on fait encore pour le froment parquer les bêtes à laine ; de sorte que c'est toujours le froment qui reçoit l'engrais immédiatement.

Cependant, quelquefois on met le fumier pour les bizailles ou on le répand, au pied de l'hiver, sur les prairies artificielles, afin que le froment qui vient ensuite immédiatement le trouve tout formé en terreau ; mais, autant qu'on le peut, on parque pour le froment, après la récolte des bizailles, afin de réparer le peu de tort que les plantes fourrageuses ont fait à l'engrais.

Il est des lieux où le trèfle pousse très bien encore à la troisième année. Là, je conseille, lorsqu'on suit le système triennal, comme je l'ai fait plusieurs fois moi-même avec avantage, de semer le trèfle au printemps dans les blés. Le trèfle s'y récolte l'année suivante, en place de l'avoine, et il s'y récolte encore l'année de la jachère ; après quoi on le retourne, pour faire du froment, dont la végétation dans ce cas est souvent admirable.

CHAPITRE VII.

Des Labours et des Instrumens aratoires.

LABOURER, en agriculture, c'est retourner et diviser la surface du sol, depuis trois pouces environ de profondeur jusqu'à huit, dix ou douze, suivant le but qu'on se propose, la nature du semis qu'on veut faire, ou la force qu'on peut employer. Les instrumens ordinaires pour ce travail sont : la bêche, la houe et la charrue. Les deux premiers ne sont pas d'une utilité assez majeure dans la grande culture pour en faire ici mention.

Dans la Beauce, dans la Brie, dans la Picardie, etc., lorsque le labour est très peu profond, qu'il n'a pour but que l'ameublissement du sol ou la destruction des mauvaises plantes et du chiendent surtout, il s'appelle *binot*.

Dans ces derniers temps, d'illustres personnes se sont occupées de la perfection des instrumens aratoires. M. Jefferson, ancien président des États-Unis ; MM. Chaptal,

François de Neufchâteau, sénateurs français, et plusieurs autres, ont fait établir
des charrues nouvelles; ou ont publié
des mémoires sur la forme et les proportions nécessaires pour en établir, dont la
marche et le travail pussent remplir
toutes les conditions qu'on pourrait désirer. On a obtenu peu d'avantage sur ce
qui existait : peut-être que si on y eût
porté plus d'attention, on s'en serait tenu
à quelques-unes des anciennes charrues,
pour les recommander, et elles auraient
donné autant de satisfaction que les nouvelles qui ont paru jusqu'à ce jour. Cependant, il faut faire une mention très
particulière de la charrue de M. Guillaume. Il est seulement à regretter que,
par rapport à sa légèreté et à l'extrême
rapprochement de son arrière-train sur
le train de devant, elle prenne difficilement de l'enterrage, au commencement
de chaque sillon dans les terres un peu
fortes, quand la sécheresse y domine.
Néanmoins, moyennant de légers changemens dans le train de devant et dans
l'angle du sep avec la flèche, je m'en sers
avec succès.

Parmi les nombreuses charrues dont on fait usage, nous en distinguerons particulièrement trois : la charrue à versoir mobile ou à tourne-oreille ; la charrue à versoir fixe, et le cultivateur ou l'araire.

Si la charrue à tourne-oreille (*fig.* 1) a l'avant-train uni à l'arrière-train, par une ligne droite, au moyen d'une chaîne qui peut prendre du bout du têtard, et s'accrocher à la haie près de l'étançon (X, *fig.* 1 et 3), sa marche exigera peu d'efforts ; et l'on a l'avantage de pouvoir labourer, sans laisser aucun sillon ouvert, en changeant le versoir qui peut se porter de côté et d'autre, pour jeter la terre toujours dans le même sens, quoique les chevaux soient retournés sur leurs pas : c'est ce qu'on appelle labourer à plat.

En mettant un versoir de chaque côté, on peut aussi s'en servir pour biner et buter les plantes qui se mettent en terre par rangées, telles que les pommes de terre.

Le soc (A, *fig.* 1 et 2) dont elle est armée doit avoir la forme d'un triangle isocèle, et le coutre (B), afin d'être porté du côté où la terre est à soulever, est mobile dans une mortaise pratiquée sur la flèche, où on le fixe à chaque sillon par le moyen d'un ployon (C) serré contre lui, à l'aide de deux points d'appui (D). L'oreille (I) ne retourne pas seule la terre ; il doit, comme je l'ai établi et comme il en existe en Picardie et en d'autres provinces, se trouver sur le sep (E), pour compléter l'opération du versoir, deux pièces de bois (F), qu'on nomme *les fourchets*, formant par leur réunion une espèce de moitié de cône un peu anguleux, et dont l'extrémité s'élève un peu ; ils sont évidés en dedans, pour qu'ils soient moins pesans, et leur sommet repose sur la douille du soc.

Quant au reste, cette charrue ressemble à beaucoup d'autres. Veut-on labourer plus ou moins profondément, on avance ou l'on recule la chaîne qui unit les deux trains, et, par conséquent, tout le train de derrière sur la sellette (G, *fig.* 3) de l'avant-train : ce qui doit paraître bien sensible ; la sellette étant toujours à la même hauteur, plus l'arrière-train en est rapproché ou éloigné, plus ou moins le soc doit prendre d'enterrage. On peut aussi donner de l'enterrage, en baissant seulement la sellette, qu'on peut rendre mobile dans les soutiens (Z). Avantage considérable; car dans ce dernier cas si l'enterrage exige plus de force ce n'est qu'à raison de son plus de profondeur; tandis que dans l'autre elle en exige, non-seulement en raison du plus de profondeur, mais aussi en raison du plus d'éloignement de l'arrière-train sur la sellette.

Le soc (H, *fig.* 4, 3 et 3 *bis*) de la charrue à versoir fixe, très convenable, principalement pour les terres qu'il faut billonner, est construit jusqu'au bout de la douille du côté gauche sur une ligne droite. De l'autre côté, il s'y trouve une aile tranchante de six, huit ou dix pouces, suivant la largeur qu'on veut donner aux sillons. Le versoir est toujours placé du côté de l'aile du soc, et le coutre fixé à la pointe, en s'alignant sur le côté gauche; de sorte que cette charrue laboure toujours en billons ou en planches. On peut faire celles-ci, si l'on veut, d'une assez grande étendue pour être à peine apparentes. Pour que le soc tienne mieux dans le sep, je les fixe par une petite cheville en fer (K) qui traverse le versoir et le sep, et qu'à l'aide d'un repoussoir on en peut faire ressortir lorsqu'il convient de le porter à la forge pour l'aiguiser ou y mettre une nouvelle charge d'acier.

L'avant-train de la charrue à tourne-oreille peut s'adapter à l'arrière-train de la charrue à versoir fixe, qui d'ailleurs peut ne différer de l'autre que par son versoir.

Une des choses essentielles dans les charrues, c'est l'angle que doit former la flèche avec le sep ou la ligne horizontale. M. Jefferson pense qu'une charrue doit rouler sur un angle de dix-huit à vingt degrés. Il semble en effet que le sep et le soc doivent d'autant mieux glisser sur la terre, que l'angle qu'ils forment avec la haie est moins considérable. Cependant plusieurs charrues qui font un assez bon travail ont beaucoup plus d'ouverture. La charrue de M. Guillaume, gravée dans *le Nouveau Cours complet d'Agriculture*, présente un angle de trente degrés ; mais je pense que c'est une erreur : la charrue de Brie présente un angle d'une dimension aussi étendue. Je fais construire les miennes, qui sont pourtant une imitation de celle de M. Guillaume, sur un angle de dix-huit degrés.

Deux choses encore de grande importance pour la marche d'une charrue, c'est la longueur du sep (E), et l'angle (O) qu'il forme avec l'étançou (L). En le prenant par l'extérieur, plus cet angle est aigu, mieux le tirage fait effort sur le derrière du sep, et par conséquent mieux il le fait glisser dans le sillon. Mes seps ont cinq pouces de largeur, sur deux pieds deux à quatre pouces de longueur ; et l'angle qu'ils forment par leur extrémité avec l'étançon est de quarante-cinq degrés. Mes rouelles ont vingt-deux pouces de diamètre, et la sellette s'élève à environ deux pouces au-dessus. Dans les temps humides, lorsque les terres fortes graissent beaucoup, mes roues roulent sur des rais sans jantes. (*fig.* 9.)

Les araires ou cultivateurs ne sont que des charrues sans roues, c'est-à-dire, sans train de devant ; leurs formes va-

rient beaucoup. Dans différens endroits
on attache la flèche au collier d'un cheval ou au joug des bœufs; dans d'autres
l'angle est moins ouvert, et un morceau
de bois garni quelquefois d'une roulette
descend du bout de la flèche, et traîne à
côté du sillon, pour servir de point d'appui.

Quant aux herses (*fig.* 5), ce sont des
instrumens trop simples pour en parler
en détail. La plupart sont à dents de
bois; quelques-unes à dents de fer pour
les endroits durs, les luzernes, et autres
prairies qu'on veut desceller. Au lieu de
fer, j'en fais construire de très fortes en
bois, pour le tirage desquelles j'emploie
deux, trois et même quelquefois quatre
chevaux, et alors j'entame les terres les
plus frappées par les pluies. On peut aussi
se servir de ces dernières pour raccom-
moder au printemps les chemins, en les
faisant passer dessus les ornières qu'elles
remplissent avec les terres qui en ont
été soulevées par les roues des voitures.
Quand on veut donner une sorte de sarclage ou binage à des terrains, on peut
aussi le faire avec de petites herses bien
armées de dents de fer. (*fig.* 10.)

Pour bien conduire une charrue et tracer des sillons droits et réguliers, il faut de l'intelligence et de l'habitude. La perfection des labours exige que les sillons ne soient pas plus larges que les socs; autrement ceux-ci ne passeraient pas partout pour couper les racines des mauvaises plantes, et une partie de la terre ne pourrait être retournée.

Les labours bien faits ne sont pas encore la chose essentielle : il faut les faire en saison convenable. Le grand principe, c'est de labourer peu pendant les grandes pluies de l'hiver, et pendant les grandes sécheresses de l'été; de tenir, par le moyen des hersages, les terres bien ameublies et assez divisées pour que les parcelles puissent faire ombre et s'opposer à l'effet trop ardent des rayons du soleil, et néanmoins éviter qu'à la surface de la terre il se forme jamais une croûte qui s'opposerait à l'infiltration de l'air et des rosées.

Vos terres vont-elles en pente, labourez-les en les remontant; elles descendront toujours assez. La charrue à tourne-oreille, avec laquelle on peut verser la terre toujours du même côté, est excellente pour cette opération. Dirigée avec intelligence, elle pourrait encore être employée dans les terrains soumis aux irrigations, parce qu'elle se prête à tous les mouvemens, versant du côté où l'on veut plus ou moins de terre, suivant qu'on lui fait prendre plus ou moins d'enterrage : elle peut servir aussi à niveler la surface.

En général, quand on donne plusieurs labours à une terre, avant de l'emblaver il faut croiser ou prendre de biais les sillons du premier labour. Enfin, le labour fait-il des copeaux, de grosses mottes, ou craignez-vous la sécheresse, brisez-les à force de bras, ou mieux, écrasez-les avec un cylindre ou fort rouleau dont tout cultivateur doit être muni. Saisissez ensuite la première pluie, et la herse complètera l'ameublissement du sol.

Dans les terrains où la couche végétale garde peu les eaux pluviales, on est dans l'usage de labourer à plat. En terrains humides et argileux, il faut nécessairement, lorsque les labours doivent recevoir

la semence, surtout en automne, les faire
en billons plus ou moins élevés, selon le
degré d'humidité. Les billons ne doivent
pas avoir moins de trois mètres, ni plus
de cinq à six; autrement il y aurait ou
trop de sillons ouverts, ou ils se trouveraient trop éloignés pour qu'on pût tomber, sans défoncer les terres.

Pour former un billon on ouvre d'a-
bord une raie, en jetant la terre à gauche ; ensuite on en ouvre une seconde
à côté de celle-ci, en jetant la terre à
droite. Alors on a ce qu'on appelle *une
raie ouverte*, et l'on continue son billon,
en rejetant dans cette raie la terre de
la droite avec la couche qu'on a posée
dessus. On fait de même sur la gauche ;
mais en observant que si, en commençant son billon, on enfonce de sept pouces,
une raie ou deux après on déterre d'un
quart ou d'un demi-pouce, suivant qu'on
veut plus ou moins bomber; et ainsi de
suite, jusqu'à la fin du billon, qui par
ce moyen se trouve convexe et capable
de donner de la chasse aux eaux surabondantes.

En France, il y a des cantons dont les

terres sont très peu profondes, où l'on fait de très petits billons, quelquefois seulement composés de deux raies de charrue, afin de ramener sur un seul point plus de terre végétale. Hors ce cas les billons ne sont utiles que pour aider à égoutter les terres : mais lorsqu'elles s'égouttent naturellement, et que les eaux pluviales s'infiltrent avec facilité dans leurs couches inférieures, il convient de labourer à plat ou en planches non bombées ; car un terrain qui est billonné ne peut recevoir également l'influence du soleil et des autres effets bienfaisans de la nature. Il ne peut offrir non plus aux plantes une égale profondeur de terre végétale ; attendu que la crête ou dos des billons en est toujours plus garnie que les rives. Nous achèverons de traiter des labours en parlant des diverses plantes.

Pour conclure, nous dirons que les instrumens essentiels d'une bonne culture et d'une sage économie dans les grandes exploitations, quand on ne veut pas courir après une sorte de perfection chimérique, sont principalement des tombereaux (*fig.* 6) pour le transport des terres

et des terreaux; des voitures à cage (*fig.* 7)
pour transporter les fumiers, les grains
et les fourrages; des charrues (*fig.* 1 et 3),
des herses (*fig.* 5 et 10) pour diviser les
terres et couvrir les grains; des rou-
leaux (*fig.* 8) pour écraser les grosses
mottes et plomber les terres et les plantes
qui en ont besoin; des pelles de bois
pour remuer et ramasser les grains, etc.;
des fléaux pour les faire sortir de leurs
balles, des tables cintrées à claire-voie
pour le même usage; des vans, et beaucoup mieux des tarrares ou ventila-
teurs, pour retirer la paille du grain;
des cribles pour séparer le petit grain du
plus gros et en faire deux qualités; des
brouettes à coffre et à civières pour sortir
principalement les fumiers des écuries;
des fourches de fer à deux et trois dents,
les premières pour charger les gerbes dans
les charrettes, les secondes pour charger
les fumiers et les répandre dans les
champs; des hoyaux et des bêches pour
entamer les marnes et autres terres qu'on
a besoin de mettre dans les tombereaux,
ou pour dégager les voitures enfoncées
dans les ornières.

L'on a parlé depuis peu d'années d'un instrument propre à battre le blé, c'est-à-dire à le faire sortir de l'épi. On s'en sert généralement, à ce qu'on nous assure, en Angleterre, et quelques personnes en France ont tenté aussi d'en faire usage. Cet instrument est trop dispendieux, exige par son grand volume un trop vaste emplacement, et pour être mis en activité avec économie, une exploitation trop considérable. L'inventeur d'une machine à battre le blé qui serait à la portée des moyennes exploitations rurales, qui expédierait avec économie et promptitude, qui ne laisserait point de grains dans les épis, et qui, comme le fléau et la table convexe, conserverait la paille dans son entier, et sans détruire sa qualité fourrageuse, mériterait certainement la reconnaissance de tous les cultivateurs, puisqu'il diminuerait considérablement leurs dépenses. Il rendrait aussi service à l'humanité; car l'usage constant du fléau est très pénible pour l'ouvrier, et un des plus capables de détruire sa santé et d'abréger le cours de sa vie.

Nous ne terminerons pas ce chapitre

sans donner quelques explications sur le tarrare que nous avons mentionné ci-dessus. Cet instrument, qui n'a point encore pénétré dans tous les domaines en France, est un des plus recommandables que l'agriculture puisse employer, et surtout lorsqu'il est bien construit, que les rouages en sont faciles, et qu'il a toute la solidité désirable. Le tarrare est surmonté d'une trémie ou coffre pour recevoir le grain, après le battage, lorsqu'il est encore mêlé avec la menue paille. Ce grain tombe de la trémie sur une double grille à carreaux qui le blute, le secoue par le moyen d'un ressort qui la met en jeu, à l'aide du même rouage qui fait tourner les ailes du ventilateur. La partie étrangère, plus grosse que le grain du blé, est portée par le moyen du blutement en dehors de la grille et du tarrare, et pendant que le blé passe à travers cette grille, pour retomber encore d'un quart de mètre de hauteur environ sur une table ou planche inclinée, foncée d'un grillage fin à lignes parallèles; le ventilateur, par le souffle de ses ailes, le purge de toute poussière et matière pailleuse.

Enfin, cette seconde grille étant inclinée,
le blé glisse dessus, pour aller s'amon-
celer au pied et au - devant du tarrare ;
mais il y arrive bien nettoyé, parce que
cette seconde grille a fait tomber au-
dessous d'elle tout ce qui était plus petit
que le blé, et que la première en avait
déjà chassé tout ce qui le surpassait en
volume. L'opération du tarrare est si parfaite, que, quand elle a été bien dirigée et
que le blé est d'une belle récolte, beaucoup de cultivateurs ne lui en font pas
subir d'autres pour l'envoyer au marché,

CHAPITRE VIII.

Des Céréales.

Si Cérès a primitivement enseigné la culture des graminées qui portent son nom, il n'est pas étonnant que l'enthousiasme de la reconnaissance en ait fait une divinité bienfaisante. Les plantes céréales sont incontestablement le plus beau présent que Dieu ait fait aux mortels ; et c'est à bien juste titre que ceux qui les premiers les ont soumises à une reproduction abondante aient mérité de laisser pour jamais leur mémoire en vénération.

Le froment, le seigle, l'avoine et l'orge sont les véritables céréales.

On y joint cependant le maïs, le sorgho, le millet et le riz.

Parmi ces précieux végétaux, le froment tient le premier rang. Sa farine est amilacée et glutineuse ; c'est-à-dire, qu'elle renferme de l'amidon et une substance végéto-animale, à laquelle est attribuée la vertu de faire, au moyen de l'eau, fermenter et lever la pâte, et de rendre le pain très digestif et substantiel. Nous connaissons trois espèces de froment : le *triticum hybernum*, ou blé ordinaire ; le *triticum compositum*, ou blé de miracle ; et le *triticum spelta*, épautre, ingrain, ou blé locar.

Les blés ordinaires se divisent en hivernaux et marsais. Les blés habitués au semis de printemps deviennent plus sensibles au froid ; resemés en automne, ils en souffrent davantage ; mais après plusieurs années de culture, ils reprennent de nouveau la force de supporter les rigueurs de l'hiver.

Il y a des blés à tiges presque pleines, et d'autres à tiges creuses. Dans le midi, on en trouve beaucoup de la première de ces variétés ; mais dans le nord, elle est très rare, parce qu'étant toujours plus sensible au froid on ne peut l'admettre qu'avec désavantage.

Presque tous les blés du midi ont les grains fort durs, et ils sortent très facilement de leurs balles. Dans le nord, leurs grains sont plus tendres et ils tiennent beaucoup plus dans l'épi.

Les blés sont ou barbus ou sans barbes ; mais ce sont encore des caractères qui s'effacent en tout ou en partie, suivant les lieux où on les cultive. Les blés barbus, en général, sont plus sujets que les autres à donner un grain très clair et très lisse, connu dans le commerce sous le nom de *blé glacé*, dont la farine est bise et médiocre.

Dans l'ancienne Isle-de-France et autres bons cantons à froment, on cultive du blé sans barbe, à épis rouges ou blancs. Ce blé, principalement celui à épis blancs dont le grain est d'un beau jaune-clair, lorsqu'il a acquis sa parfaite maturité, semble pour la culture en grand mériter la préférence.

Le blé de miracle offre plusieurs épis sur la même tige, ou plutôt un épi principal, à l'entour duquel d'autres sont accollés. L'apparence de ses produits l'a fait singulièrement prôner ; mais si les promesses de ses panégyristes se sont quelquefois réalisées dans les jardins où les terres sont très riches d'engrais, dans les champs avec les moyens ordinaires il a toujours fallu l'abandonner. Il est d'ailleurs plus sensible aux variations de la température; sa paille dure et pleine n'est point appétée par les animaux, et sa farine est loin d'être d'une qualité supérieure.

Quelques agronomes pensent que l'épautre est le far dont les anciens faisaient le premier objet de leur agriculture, lequel a donné naissance à notre mot farine. D'autres veulent, d'après Columelle, que le far ait plus de rapport avec le scourgeon, parce que cet ancien auteur en distingue quatre variétés. Le grain de l'épautre est, comme l'orge, enveloppé d'une écorce pailleuse. Après être mondé, il offre de bons gruaux; sa farine est délicate, fait d'excellentes pâtisseries et un bon pain, mais qui durcit promptement, et qui se lie moins que celui de blé ordinaire.

L'épautre est sujet à peu près aux mêmes maladies que les autres fromens, et il offre les mêmes remèdes. Les terres à seigle lui conviennent; même des terrains inférieurs, et il supporte encore mieux les rigueurs de l'hiver. Tout ce qui regarde le blé, par rapport aux maladies et à la culture, peut lui être appliqué ; ainsi, nous n'en parlerons pas ici davantage. Il demande moins d'engrais, et peut se semer jusqu'en janvier. Il y en a une variété plus petite que l'autre, qui vient assez bien, principalement dans les terres calcaires même très maigres, sans autre soin qu'un seul labour. La récolte en est peu abondante ; mais aussi exige-t-elle très peu de frais. La paille de l'épautre n'est propre qu'à faire de la litière.

Supposons que le froment succède à des haricots, des pommes de terre, des colzas, etc., qui ont été sarclés pendant leur végétation, et qui laissent la terre propre et meuble, si on fume, un labour de quatre ou cinq pouces, pour enterrer l'engrais et semer, est suffisant. Un labour primitif de six ou sept pouces de profondeur, suivant l'épaisseur de la couche de terre végétale, est utile quand, au lieu de fumer, on doit faire parquer. On met le parc sur le labour ; et après avoir hersé le résultat, on répand le grain, qu'on enfouit par un binot. On peut aussi ne semer que sur le binot, et enterrer le grain avec la herse. On peut même, lorsque le piétinement des moutons a laissé la terre meuble, semer le grain sur le premier labour et le herser avec le parcage, sans binoter. Enfin, lorsqu'on ne craint pas que les pluies fassent trop battre les terres par les pieds des moutons, on peut faire parquer après avoir semé et hersé. C'est ce qui s'appelle parquer sur grain. Un nouveau hersage, après le parc, n'est pas inutile. Il laisse l'engrais moins à la surface du terrain; et par conséquent moins exposé à l'action de l'air.

Si votre terre, après la récolte qui précède le froment, renferme du chiendent, et que le soleil puisse encore le dessécher, donnez, avant toute autre opération, un binot pour en mettre les racines vers la surface. Trois à quatre jours après, hersez, afin de les exposer de nouveau aux ardeurs du soleil. Huit jours se sont-ils écoulés? recommencez le hersage; et si le temps n'a pas été pluvieux, le chiendent doit être assez desséché et avoir perdu toute sa faculté végétative. Alors, labourez pour semer.

Si l'on était obligé de faire parquer beaucoup avant les semailles, on pourrait le faire immédiatement après la récolte qui précède le froment; enfouir le résultat du parcage par un binot, de manière que le labour pour semer qui succéderait, étant plus profond, maintiendrait toujours l'engrais près de la surface, où le blé doit étendre ses racines.

Lorsque vous avez fait deux coupes de trèfle, donnez au chaume de votre trèfle un labour pour semer, de quatre à cinq pouces, et faites ensuite, si le trèfle n'a pas été fumé d'hiver, semer des cendres, des poudrettes, ou parquer sur grain. Donnez-vous deux façons, la première ne doit être qu'un binot. Tout ce qui regarde les chaumes du trèfle doit s'appliquer à ceux de la lupuline, etc.

Dans le système de la jachère triennale, trois labours suffisent pour le blé, quand la terre est nette. Avec le premier, qui n'est qu'un binot, et qui se fait en hiver ou au printemps, enterrez vos fumiers. Quant à la seconde façon, qu'on appelle *retaillage*, et qu'on exécute vers le commencement de juin, ou dans le mois de mai, lorsque le fumier, s'il en a été enterré au binot, a fermenté, et est presque décomposé en terreau, faites-la profonde, mais de manière à maintenir, comme le disent plusieurs cultivateurs, l'engrais entre deux terres. Le dernier labour se fait dans la couche de terre où se trouve le terreau qu'il achève de diviser. On peut aussi, vers la fin du mois de mars et pendant le mois d'avril, commencer par le retaillage ; binoter dans le cours de l'été, par un temps humide ou peu sec, et tâcher d'en profiter pour enterrer le fumier : enfin si vous ne pouvez fumer qu'au dernier labour, et au moment de semer le blé d'automne, que ce ne soit toujours que sur des terrains bien préparés par de bons retaillages, et avec des fumiers pourris que vous n'enterrez que de quatre à cinq pouces, comme nous venons de le recommander également, quand le blé succède à des plantes qui ont été bien binées et sarclées pendant le cours de l'été. Il y a des terres très légères ou calcaires, sèches, et par conséquent très divisibles et brûlantes, où il importe de ne point mettre de fumier dans le temps des chaleurs. Car, faute de pluies suffisantes pour y maintenir de la fraîcheur, l'engrais s'y dessècherait, et n'y formerait que peu et de mauvais humus. Dans ces sortes de terre ne fumez jamais qu'au moment des semailles et avec des fumiers déjà bien pourris.

Le froment ne s'accommode pas très bien des terres les plus meubles et surtout quand elles contiennent beaucoup de terreau; car s'il y pousse beaucoup en herbe, il y donne des grains très petits, maigres, de médiocre qualité, et une paille veule qui se soutient difficilement, même jusqu'au développement des épis. Il préfère les terres franches, les blancs limons et les terres à demi glaiseuses, et les terres fortes entretenues d'engrais avec modération. En principe général, toutes les terres qui rapportent de beau trèfle, *trifolium rubens*, sont de bonne qualité pour le froment; mais la classe ne se termine pas là. J'ai vu du froment très passable dans les champs qui, près de Paris, bordaient l'ancienne route de Sèvres au Point du Jour, quoi-

que ce ne soient que des sables rouges,
peut-être plus ingrats que ceux des steps
de la Tartarie.

Que de merveilles les engrais et les
amendemens peuvent produire ! Avez-
vous des terres siliceuses , mais un peu
profondes, des terres crayeuses et légères ? employez le parcage pour leur donner de la liaison et pour plomber vos labours ; souvent vous aurez d'aussi belles
récoltes que dans les meilleures terres.

Les grains dégénèrent-ils lorsqu'ils
sont constamment cultivés dans le même
lieu ? Est-ce une nécessité de changer de
semence ? Avez-vous une mauvaise qualité de grains, une variété qui convienne
peu à votre sol ? avez-vous laissé vos récoltes s'infecter de mauvaises graines ?
il est indispensable d'en changer ; mais
hors cela, l'expérience, en nous prouvant
qu'il est prudent de s'en dispenser, nous
a mis à même d'apprécier la solidité des
observations que M. Tissier a faites sur
ce sujet. Après tout , changez-vous de
semence de froment , tirez-la d'un lieu
plus au nord que le vôtre ; la végétation
en sera toujours plus belle. On a remar-

qué dans la culture en France , que certaines plantes prospéraient mieux , lorsque la semence en descendait du nord au midi ; tandis que d'autres au contraire voulaient qu'elle remontât du midi au nord : ce qui est causé probablement par les divers lieux de leur origine. Le trèfle, la vesce, par exemple, veulent descendre au midi , et l'orge , les pois , etc., veulent remonter au nord.

Il se trouve des cultivateurs qui sèment volontiers des blés maigres, retraits et petits , par la raison que le germe, ayant une fois pris racine, ne tire plus son aliment du grain , mais de la terre et de l'atmosphère. Nous ne pouvons pas absolument approuver ce principe, parce que le premier développement des plantes décide trop souvent de leur beauté pendant tout le cours de leur végétation.

Les blés sont sujets à plusieurs maladies , dont les principales sont la carie, le charbon, la rouille et la coulure. Cette dernière maladie tient, lors de la floraison , au mauvais temps qui empêche les stiles d'être fécondés : or , l'homme n'y peut nullement remédier.

La carie, le charbon et la rouille, suivant M. Bosc, sont des espèces de champignons qui, germant avec le grain, s'allongent imperceptiblement en suivant les vaisseaux de la plante en végétation : fait assez difficile à démontrer, mais d'une certaine vraisemblance, surtout à l'égard de la carie. Lorsqu'il y a, dans un champ, du blé qui doit être carié, on le reconnaît souvent au vert foncé de ses feuilles; et lorsque les épis sont formés, ils sont d'un bleuâtre terne, ayant les balles très aplaties sur l'axe. Maintes fois toute une touffe est cariée, souvent une ou plusieurs tiges.

La carie, autrement dit blé noir, offre un grain presque rond, facile à écraser, et qui renferme une poussière qui a l'odeur nauséabonde d'œuf pourri, et qui, dans l'opération du battage, s'attache aux barbes presque imperceptibles fixées au bout du blé, qu'on appelle alors *blé moucheté* : cette poussière, suivant toute apparence, donne naissance à de nouveaux germes de carie.

Le charbon n'est pas pour le blé aussi redoutable que la carie. Les épis qui en sont attaqués sortent à peine de leur fourreau, et la poussière qu'ils produisent toujours sans odeur s'envole en très grande partie avant la moisson ou au moment qu'on s'en occupe.

La rouille, qui semble s'attacher davantage après les brouillards sur les blés en terrains frais et en retard pour la maturité, se manifeste sur la paille par des taches noires. La paille devient sans consistance, et les épis se dessèchent et ne portent alors que de petits grains très maigres. Duhamel, à qui notre agriculture doit tant de reconnaissance, croyait que la rouille n'était apparente que par les excrémens d'un petit insecte qui vit dans les tiges du blé, aux dépens des vaisseaux du parenchyme. Je pense plutôt que c'est une brûlure du soleil, causée par une sorte de matière glutineuse que le brouillard dépose sur le tuyau et sur l'épi du blé, et qui, en interceptant la circulation de la sève, l'empêche de prendre de la nourriture et de se parfaire.

Quant à la carie et au charbon, le chaulage semble en être le remède. Il est étonnant qu'on l'emploie si rarement pour purger les avoines du charbon dont on les voit si souvent infectées.

Pour chauler, prenez, terme moyen, un décalitre de pierre de chaux par six hectolitres de grains ; faites-la éteindre dans une cuve ; mettez-y ensuite, mais à l'instant qu'elle cesse de bouillir, huit à neuf décalitres d'eau ; remuez pour obtenir une eau blanche, avec laquelle vous arrosez abondamment votre blé ; retournez-le ensuite trois à quatre fois avec des pelles, pour que tous les grains soient bien enveloppés par l'eau de la chaux. Votre blé amoncelé s'échauffe ensuite considérablement ; vous le remuez au bout de vingt à vingt-quatre heures, et la chaux alors a rempli son objet. Vous pouvez semer, le grain est suffisamment ressuyé, et le renflement qu'il vient d'acquérir le fait germer promptement. D'autres personnes font encore mieux leur chaulage : elles prennent leur blé par panerées, et elles le plongent successivement dans la cuve d'eau de chaux, et elles l'amoncellent ensuite comme nous venons de le dire, pour qu'il puisse s'échauffer et renfler.

Naguère de prétendus agronomes avançaient pertinemment que le blé chaulé avec la chaux éteinte dans des huiles, dans du jus de fumier, et dans mille àutres ingrédiens, avait une merveilleuse végétation. Rien n'est plus faux ni plus mal entendu; car les eaux grasses, en enveloppant le grain, empêchent l'effet de la chaux. De pareilles extravagances ne sont pas dues seulement aux modernes : Virgile nous porte à croire que les anciens n'en ont pas été exempts.

> «J'ai vu dans le marc d'huile et dans une eau nitrée
> «Détremper la semence avec soin préparée.
> «Remèdes infructueux, inutiles secrets !
> «Les grains les plus heureux, malgré tous ces apprêts,
> «Dégénèrent enfin, si l'homme, avec prudence,
> «Tous les ans ne choisit la plus belle semence. »

Deux opérations sont en usage pour se procurer du blé de semence très pur et très net. La première, c'est d'ouvrir les gerbes et d'en ôter à la main toutes les plantes étrangères; la seconde, c'est d'éplucher le grain, en l'étalant sur une table. Celle-ci fait en général une meilleure opération. Cependant l'autre, qui est beaucoup moins dispendieuse, peut suffire, quand on la renouvelle tous les ans. Malgré ces précautions, il est encore souvent indispensable d'éplucher les blés en herbe au printemps ; car malgré tous les soins donnés à la semence, ils peuvent être encore infestés par les plantes parasites qui poussent spontanément avec eux dans les terres.

L'on a inventé divers instrumens pour semer ou planter les grains ; nous n'en parlerons pas, parce qu'aucun ne semble pas encore pouvoir servir dans la grande culture.

Le blé peut se semer en pépinière et se repiquer ensuite. On peut même en éclater tous les yeux qui out des racines pour en faire autant de nouvelles souches : mais ce moyen n'est bon que pour la curiosité ; à peine s'il peut servir dans la petite culture pour remplir les vides qui pourraient se trouver dans les blés. Pour emblaver des étendues considérables de terre, il faut semer à la main. Pour cela, on emploie un morceau de toile d'environ six pieds de long sur trois pieds et demi de large, ayant à l'une des extrémités des ouvertures pour passer la tête et les bras, et avec laquelle on forme devant soi une espèce de corbeille.

Le semeur tâche toujours de suivre les sillons et d'avoir le vent de côté. Si le grain, qu'il jette à la volée en demi-cercle, va, par exemple, de ses pieds jusqu'à trente sillons, au bout du champ il se reporte plus loin; non pas à l'extrémité de sa première jetée, mais seulement à dix sillons; et après avoir changé de main, il regagne la première rive, en jetant son grain du même côté, toujours à la même distance, afin de dépasser la première jetée seulement de dix sillons, et ainsi de suite, jusqu'à la fin du champ, qu'il ferme ensuite, en reprenant les rives sur lesquelles il n'a pas encore passé trois fois. Cela s'appelle semer sur trois *essiens.* Quelquefois, et surtout lorsque le vent est peu favorable, on ne sème que sur deux. Par exemple, si le premier grain jeté ne peut couvrir que vingt-quatre sillons, c'est à douze qu'on se reporte. S'il n'y a point de sillons pour déterminer les essiens, on espace, et on se sert de jalons.

Quelle est la quantité de froment qu'on doit répandre? En général, les gens de la campagne péchent par excès. L'avis des agronomes, fondé sur ce vieil adage, *qui sème dru récolte menu*, ne doit pas être suivi à la rigueur. Pour une terre qui a du corps, vingt décalitres par hectare peuvent être regardés comme l'ordinaire. Si elle était très riche en humus, on en pourrait retrancher quatre. Cette dernière mesure peut suffire pour les trois autres céréales. Ajoutons cependant que les différentes localités et températures peuvent singulièrement faire varier ces proportions.

On peut dans le nord de la France semer des blés, tant hivernaux que marsais, depuis le mois de septembre jusqu'au mois d'avril. Il y a des pays où l'on sème ceux d'automne jusqu'au mois de janvier. Dans toutes les provinces qui avoisinent Paris, où la culture du froment est le principal objet, presque tous les semis d'automne se font dans le courant d'octobre, en commençant par les terrains les plus froids et les plus humides. Il se trouve des terres, principalement les calcaires légères, un peu poisseuses dans le temps des pluies et qui labourées alors se divisent extrêmement à la sécheresse qui peut suivre, où il y a beaucoup de danger de se presser. Si l'arrière-automne et l'hiver étaient tempérés, le blé y pousserait beaucoup en herbe, et au printemps il y dépérirait journellement, ou il n'y aurait plus qu'une végétation languissante. Il en pourrait encore résulter un autre inconvénient : le coquelicot (*papaver rheus*) trouvant au moment des semailles et dans un temps où la température peut être encore fort élevée, la terre très meuble, pourrait y germer et lever. Pendant l'hiver il serait peu apparent; mais à la belle saison sa végétation marchant avec rapidité, il prendrait le dessus du blé, et il l'étoufferait. Cette plante est dans certaine localité un des plus grands fléaux pour la culture des fromens d'automne; elle a la propriété funeste de conserver en terre, pendant beaucoup d'années, sa vertu germina-

tive. Elle lève lorsque la température
est un peu élevée, qu'elle trouve de la
fraîcheur et qu'elle est placée à une ligne
environ de la surface d'une terre très
meuble. On se préserve autant qu'on
le peut de sa mauvaise influence, en ne
semant que quand la terre est un peu
refroidie et que les pluies l'ont rendue
un peu compacte et motteuse. Alors la
graine du coquelicot étant renfermée dans
les mottes, ou elle y reste sans pouvoir
y germer, ou si elle y végète, elle se
trouve détruite par les gelées qui la dé-
racinent en faisant fondre les mottes.

Quelquefois, comme nous l'avons déjà
dit, on couvre le grain avec la charrue. Par
une température sèche, ce n'est pas une
mauvaise opération ; en temps de pluie,
le grain trop enterré est exposé à ne lever qu'en partie. Lorsque le labour laisse
la terre dans un état très meuble, et qu'il
est fait à plat, la herse passant deux fois
à travers les sillons peut suffire ; ce qui
s'appelle herser de deux dents. Dans les
labours en billons, comme la herse tend
à descendre beaucoup de grains avec les
terres dans les fonds, M. Ivart, un de

nos plus savans praticiens agronomes, propose de herser d'une ou de deux dents avant de semer; on ne peut qu'approuver cette précaution.

Un grain de blé, par un temps qui n'est pas humide, enterré de quatre pouces et même plus, peut lever; mais la nature nous démontre qu'il préfère être plus rapproché de la surface de la terre, puisque les grains qui tombent, lors de la moisson, dans les chaumes, lèvent souvent très bien. N'avons-nous pas vu, après des semis de blé, tomber une si grande abondance de pluie que toute opération de hersage devenait impossible? Le blé cependant a bien levé, et il n'a pas donné ensuite des récoltes à dédaigner. Nous n'en conclurons pas pourtant qu'il faille laisser le grain à découvert; mais nous pensons qu'il y a toujours moins d'inconvéniens à l'enterrer peu que beaucoup.

Votre grain est-il dans la terre? passez alors dans le fond de vos billons avec une charrue armée d'un petit soc, pour ne point faire de tort par des raies trop ouvertes. Il suffit qu'un filet d'eau puisse

y passer. Ouvrez ensuite des raies d'é-
goût, des sangsues partout où les pentes
vous l'indiquent, pour recevoir les eaux
des billons. Ces dernières raies ne sont-
elles pas encore assez déterminées ? qu'un
homme avec la bêche supplée à ce que la
charrue n'a pu faire. Il convient de préserver les blés de l'humidité et des eaux de
l'hiver, et principalement lorsque les terres sont froides. En effet elles peuvent les
détruire en tout ou en partie, et si elles en
laissent, il n'a jamais au printemps une
belle végétation. Quelques personnes
inexpérimentées pourraient peut-être
penser que trop d'égoûts peut priver le
blé du bienfait des pluies lorsqu'il en a
besoin. Ce serait une erreur ; car lorsque les blés en herbe ont besoin d'être
arrosés par le bienfait du ciel, les terres
sont assez altérées pour absorber l'eau
des pluies au fur et à mesure de sa chûte,
et sans lui donner le temps de gagner
les raies d'écoulement où elle pourrait
se perdre. Cela ne pourrait avoir lieu
que dans le cas de grand orage ; mais
alors l'écoulement prompt est encore nécessaire.

Au printemps, si la souche du blé est un peu scellée, parce que les terres ont été frappées par les pluies de l'hiver, hersez sans crainte à force, mais par un temps sec et lorsque la rosée n'existe plus, d'une ou de deux dents. S'il y avait beaucoup de mottes de terre, renversez la herse sur le dos, et faites-la passer dessus pour les écraser et réchausser le blé. Si la terre était légère, passez-y seulement un rouleau très pesant.

Lorsque le tuyau de l'épi veut commencer à monter, il faut s'occuper de faire extirper les mauvaises plantes. S'il y avait du seigle parmi le blé, comme il épie quatre à cinq semaines plus tôt et qu'alors il est beaucoup plus élevé, on peut le détruire avec un instrument tranchant, qui, au-dessus du blé, en coupe et brise les tiges.

Craignez-vous, vu la force de vos blés, que les pluies ou les vents les couchent sur terre ? il faut les effaner ; c'est-à-dire, ôter les fanes supérieures, ayant soin de ne point couper l'épi dans le tuyau. Cette opération dans le blé d'une végétation extraordinaire est de rigueur, parce

que les blés qui sont versés, avant la formation du grain, ne produisent que de
mauvaise litière, et très peu de bons
grains. Néanmoins il est toujours désagréable d'y être forcé, parce que les blés
effanés ne produisent jamais un aussi bel
épi que les autres. Il vaudrait mieux avoir
employé le pacage au commencement du
printemps.

«Dès qu'il voit du sillon sortir ses blés superbes,
«Il livre à ses troupeaux le vain luxe des herbes.»

La moisson doit se faire à la première
maturité du blé; on peut commencer
même avant qu'il ait acquis toute sa
dureté, pourvu que la paille soit bien
sèche et que le grain soit bien formé,
il n'en aura ensuite que plus de qualité.
Si vous en laissez sur pied au-delà de ce
terme, la grande sécheresse de la paille
fait que les épis sont sujets à se décoller.
Alors, évitez de faire travailler dans le
milieu du jour.

«Faut-il couper le chaume? on le coupe sans peine,
«Quand la nuit l'a mouillé de son humide haleine.»

La faucille, la sappe, ou faux à main,
et la faux, sont les instrumens ordinaires

pour couper le blé. La première est de
rigueur pour les blés très versés ; pour
les autres, je préfère la seconde, parce
qu'elle égraine moins que la faux ordinaire, lorsqu'elle est maniée par d'habiles
moissonneurs.

Jamais ne mettez de blé chargé d'humidité ni dans vos granges, ni dans vos
gerbières. Toutes les meules de grain
doivent se construire sous la forme co-
nique ou plutôt sous la forme d'une poire,
mais ne commençant à diminuer qu'à la
hauteur de douze ou quinze pieds, où il
doit y avoir même un peu d'élargisse-
ment. Pour procéder à une gerbière,
prenez d'abord votre circonférence ; mettez au milieu une gerbe les épis en haut,
elle vous servira pour appuyer les autres
contre elle, un peu de champ, l'épi toujours relevé et en vous éloignant jusqu'à
l'extrémité. Ensuite, commencez par la
circonférence, en plaçant le premier rang
de chaque lit de gerbes ayant le talon à
l'extérieur, et les autres en sens contraire, jusqu'au centre où les cercles de
gerbes de chaque lit viennent se ter-
miner.

Sur une circonférence de huit mètres de diamètre, on peut placer cinq à six mille et même jusqu'à sept mille gerbes, lorsque le tassement a été bien fait et l'élévation bien ménagée. C'est un nombre assez considérable pour que le plombement du grain serre le tout si fortement, que la vermine, principalement les rats, qui font tant de ravages dans les granges, surtout lorsqu'on ne les vide qu'une fois l'an, ne puisse s'y introduire. J'en ai vu rester entièrement intact pendant deux ans, tandis que le blé avait acquis dedans ou conservé la plus belle qualité.

L'on a prétendu que les gerbières qui nécessitent des frais de déplacement, puisqu'il faut toujours en dernier lieu rentrer les grains dans les granges, causaient de grandes pertes. Nous pouvons assurer que lorsqu'on étend des toiles au pied des gerbières et dans les voitures, que les ouvriers lèvent et donnent les gerbes avec précaution, la perte et la dépense sont au-dessous des avantages.

Dans le midi de la France, où le blé

tient peu dans la balle, l'opération du battage se fait comme nous l'avons déjà dit en même temps que la récolte, par le trépignement des animaux. Plus au nord, le blé ne quitte l'axe de l'épi que difficilement, il exige l'usage du fléau qui entraîne un temps plus long; et comme en général les exploitations y sont plus considérables en froment, il faut le rentrer en gerbes, et prendre une partie du reste de l'année pour le battre. Autrement on rendrait dans la moisson les journées d'ouvriers qui y sont déjà très rares, d'un prix excessif. La rentrée des blés en paille permet d'attendre pour en extraire le grain des temps plus opportuns, et aussi de donner de l'ouvrage en tout temps aux gens du pays. Au reste, dans les fermes, il n'y a pas de meilleur conservateur pour le blé qu'on ne veut pas livrer au commerce que de le conserver en meule, et par conséquent dans la paille.

Naguère le batteur prenait une gerbe, la posait dans le milieu de l'aire, et frappait dessus quinze à vingt coups de fléau. Cette opération s'appelait *émoucher*. Il la déliait ensuite et la poussait dans un coin. Il opérait de même sur quatre ou cinq autres ; ensuite il les rapportait toutes dans le milieu de l'aire, et il les étendait en airées, pour achever à coups redoublés dessus et dessous, en les retournant à l'aide du manche de son fléau, d'en faire sortir le grain qui se trouve dans le corps de la gerbe, mais sans mêler aucunement la paille qui, dans la vue de sa conservation, doit toujours avoir les épis tournés du même côté. Ce qui permet au batteur d'en faire des gerbées qui ont la même forme qu'avaient les gerbes.

Aujourd'hui il est rare de voir émoucher avec le fléau. Le batteur, pour encore mieux conserver la paille qui se brise un peu sous les coups trop répétés de cet instrument, délie la gerbe, en fait plusieurs grosses poignées, qu'il frappe l'une après l'autre sur un tonneau, ou sur une sorte de table à claire-voie, qu'on appelle *vache*. Cette table est formée par des écaillons distans d'un pouce environ ; elle est un peu convexe, large d'un demi-mètre et d'une longueur double. Chaque poignée de blé égrené sur cette table est

portée dans la place du battage, et lorsqu'il y en a une airée suffisante, le batteur achève avec le fléau, comme il le
faisait aussi après l'*émouchage*, de faire
sortir ce qui pourrait rester de grain dans
l'intérieur de la paille.

Le blé se nettoyait d'abord avec le van,
espèce de grande corbeille d'osier, dont
un côté, sans rebord, laisse échapper la
paille et sert à verser le grain; et ensuite avec le crible. Aujourd'hui l'usage
de l'instrument qu'on appelle *tarrare*,
dont nous avons donné l'explication, est
plus général, plus expéditif, et nettoie
mieux.

Le blé étant de la plus haute importance pour la nourriture des hommes,
on a cherché les moyens de le conserver
en magasin. M. Ternaux dont le zèle
pour la prospérité publique a toujours
été sans bornes, a imaginé des réserves,
auxquelles il a donné le nom de *silos*. Ce
sont des fosses souterraines, rondes, en
briques si l'on veut, cintrées en voûtes
à la partie supérieure, avec une ouverture en goulot, d'environ un mètre de
long sur deux pieds de diamètre, afin

d'y faire entrer et sortir le grain. Il y a
des silos de M. Ternaux qui peuvent
avoir six à sept mètres de profondeur,
sur une base de quatre à cinq de diamètre, pouvant contenir près de six
cents hectolitres de blé. Le bord supé-
rieur du goulot est au-dessous du ni-
veau du sol, d'environ un tiers de
mètre. Tout le tour du silos, pour recevoir le grain, doit être garni de paillassons, afin d'empêcher que la fraîcheur
et l'humidité du terrain ne puissent
s'y communiquer. Dans le fond, les
paillassons doivent encore avoir en
dessous des fagots ou brins de bois, pour
les empêcher de poser directement sur
le sol où ils pourraient pourrir. Le
silos une fois rempli de grain, le goulot
doit être clos par de la paille brisée,
appuyée par un bouchon en bois, et
encore refermé par un couvert en pierre,
afin que l'air ne puisse nullement communiquer avec l'intérieur. L'air et
l'atmosphère étant les corrupteurs et
les agens de toutes les transformations
de tous les êtres de la nature, il est
bien évident que si M. Ternaux a pré-

servé le blé de leur influence, il doit le conserver stationnaire dans sa nature et dans sa bonne qualité. En effet, l'expérience a confirmé cet état. Or, il est donc maintenant bien à désirer de voir dans les grosses fermes et dans toutes les grandes exploitations agricoles la construction de quelques silos, pour chacun desquels on ne doit guère dépenser au-delà de douze cents francs, et souvent beaucoup moins, afin que les cultivateurs y puissent mettre en réserve, dans les années de grande abondance, une partie de leur blé pour ne le vendre que quand les récoltes sont chétives et les prix plus élevés. Ce serait un moyen infaillible pour empêcher les disettes, et pour maintenir le prix de cette importante denrée à un cours ordinaire, tant pour l'avantage des ouvriers que pour celui des propriétaires.

Quant au cultivateur des petites et moyennes exploitations, s'il ne veut pas vendre ses grains dans le cours de l'année, le mieux, comme nous l'avons déjà dit, c'est de le conserver en gerbières.

Est-il dans son grenier pour attendre la vente? qu'il le fasse remuer souvent. Il reste cependant la crainte des charançons, petit insecte qui éclot en été, dans le grain, auprès du germe où son espèce a déposé et enveloppé sa larve, et qui, après avoir vécu aux dépens de la farine, sort par un bout du grain, pour se métamorphoser et vivre d'autres alimens. Le meilleur moyen pour s'en garantir, c'est d'avoir des murs et des planchers si bien crépis, qu'il n'y puissent trouver aucune retraite pendant l'hiver. Sous ce rapport, les gerbières sont encore avantageuses, parce que les charançons ne s'y introduisent jamais.

Dans le midi principalement et dans les pays chauds, il existe encore souvent et surtout depuis quelques années une espèce d'allucite ou chenille, d'un peu plus d'une ligne de longueur, qui se nourrit dans les grains du froment et des autres fromentacées; laquelle cause encore plus de ravages que les charançons. Les anciens n'en ont point parlé, probablement parce qu'ils l'ont confondue avec la larve de ces derniers.

12.

Qu'elle ait existé ou non chez les anciens, les Anglo-Américains sont les premiers qui l'aient remarquée. Dans les temps qu'ils combattaient pour leur indépendance, elle leur a causé de grands dommages : en quelques semaines, ils ont vu de grands approvisionnemens de grains réduits à quelques sachées de son. Les Anglais se sont crus obligés, à cette époque, de défendre l'importation des blés de l'Amérique, dans la crainte d'importer en même temps chez eux ce terrible insecte. Bientôt le gouvernement français apprit qu'il exerçait de grands ravages dans l'Angoumois. Il s'introduit dans le blé par les rainures, et mange toute la farine, sans toucher à l'écorce. Changé en nymphe, il en sort par une très petite ouverture : ce qui fait qu'on ne s'aperçoit guère de son existence qu'à la légéreté du grain.

Duhamel a pensé que cette chenille pouvait déposer ses œufs dans le blé encore en épis, et le fait n'est que trop véritable. Pourtant elle ne se multiplie, en grande abondance que dans les

greniers et dans de grands et gros tas
de blé : c'est là réellement qu'elle ronge
et détruit toute la farine. Elle s'y déve-
loppe même au point qu'elle y porte une
fermentation qui achève de perdre le
blé, en lui donnant un goût et une odeur
insupportables, que la mouture ne détruit
point. Dans le blé en épis, encore pendant par racine, elle ne s'y propage
que vers la canicule. Il lui faut la chaleur de cette époque pour s'y développer. On a pensé, en quelques endroits,
que dans le blé rentré en grange ou
mis en meule, elle pouvait continuer
à faire des ravages. Ce fait, que nous
avons vérifié, nous a paru peu vrai-
semblable : ce qui a porté à le croire
exact est cette petite chaleur et ce peu
de fermentation momentanée que les
gerbes prennent quelquefois dans le
tas, quelques jours après leur rentrée,
parce que la paille n'en est pas toujours
parfaitement sèche, et que d'ailleurs
elle peut renfermer un peu d'herbe.
Au reste, un aussi petit insecte que
l'allucite ou chenille des blés ne peut
pas avoir la moindre influence, en fait

de chaleur et de fermentation, dans un aussi grand volume de paille que celui renfermé dans une meule ou dans une grange. Elle ne peut s'y conserver dans le grain où elle est renfermée, que pour se développer après le battage dans le blé lorsqu'on l'amoncelle dans les greniers. Au reste, le tassement des gerbes ne permettrait pas aux papillons de circuler facilement des épis d'une gerbe dans ceux d'une autre, à moins que les gerbes ne soient jetées avec désordre dans la grange. Nous entendons qu'elles doivent être bien serrées et comblées, ayant tous leurs épis rentrés dans l'intérieur du tas.

Nous avons eu de ces alucites : nous en avons arrêté les dégâts, en étalant le blé, pour le refroidir sur des planchers carrelés en terre cuite, à un ou deux pouces d'épaisseur, et en le remuant tous les jours. Il est de fait qu'elles ne peuvent se développer pour arriver à l'état de nymphe, sans une chaleur très considérable, et que ne le pouvant, elles périssent avant d'avoir fait de grands ravages, puisqu'elles ne se sont pas propagées. Le blé qui n'est pas battu, principalement celui de la dernière récolte, aussi l'alucite n'attaque presque jamais celui des récoltes antérieures, a conservé, après le battage une eau de végétation qui se dégage dans les greniers. S'il est beaucoup amoncelé, si on ne le remue pas souvent, cette eau de végétation fait qu'il s'échauffe, et qu'il entre en fermentation. Or, s'il renferme des larves ou des œufs de chenilles, elles s'y développent aussitôt, et par leur chaleur naturelle elles augmentent encore considérablement celle du blé. Bientôt les papillons paraissent dans le blé et chacun de ceux-ci y dépose par milliers des œufs, dont les chenilles qui en éclosent, en très peu de jours, achèvent de dévorer toute la farine qui restait dans le grain.

Enfin nous avons trouvé un moyen qui nous a paru tout-à-fait efficace pour détruire la chenille des fromentacées; c'est en passant le blé au tarrare tous les deux ou trois jours, pendant le temps qu'il met à évaporer son eau de végétation. Les grilles et le ventilateur brisent et tuent les papillons : rafraîchissant aussi le blé, ils arrêtent le développement des chenilles qui sont nouvellement nées ou qui sont sur le point de naître. L'expérience que nous en avons renouvelée plusieurs fois nous a démontré que tous ceux qui voudront employer ce moyen en obtiendront un succès complet, ou bien c'est qu'ils auront un mauvais instrument ou qu'il sera mal dirigé, ou que les opérations seront faites avec négligence.

Le seigle, *secale cereale*, réclame une partie des mêmes opérations que le froment. Il tient à un genre très peu nombreux, et ses variétés se réduisent au seigle d'hiver et de printemps, lesquelles sont dues aussi à la culture. Ne convenant guère qu'aux terrains secs et siliceux, il se sème rarement en billons. Il supporte le plus grand froid, et craint les grandes fraîcheurs. M. Ivart nous rapporte qu'il en a vu, couvert par l'eau, périr en moins de huit jours, tandis que le blé avait résisté pendant plus de quatre semaines.

Le seigle exige moins d'engrais que le blé, et peut donner autant de grain.

Les oiseaux, lors de la moisson, le recherchent peu, et les lapins, ce fléau
terrible de toutes les cultures, ne le
paissent que par extrême nécessité. Il
mûrit deux à trois semaines avant le blé,
et permet, dans le nord de la France, de
le faire succéder par des navets, qu'on
est encore à temps de semer vers la fin
de juillet. Comme au printemps le seigle
monte promptement en tuyau, plusieurs
fermiers le cultivent seulement pour se
procurer un premier pacage pour les
moutons.

Le seigle est sujet à une terrible maladie qu'on appelle *ergot*, qui semble
se manifester davantage dans les terrains
humides et compactes. C'est un grain
qui grossit et s'allonge démesurément ;
alors il a la consistance d'un champignon
et la forme de l'ergot d'un coq. Un épi
en porte quelquefois plusieurs. Lorsque
cette monstruosité entre dans le pain en
certaine quantité, c'est un poison funeste. Des familles entières, au rapport
de plusieurs médecins, en ont été souvent les victimes. Elle attaque les arti-
culations ; et bientôt celles-ci sont gan-

grenées. On ne sait pas encore si le chaulage peut détruire l'ergot.

Le seigle nous porte à parler du méteil ; c'est-à-dire, des semis de seigle et de froment mêlés ensemble dans des proportions différentes, suivant le caprice des cultivateurs. Semer l'une avec l'autre des plantes qui mûrissent à des époques différentes et qui s'affament réciproquement, est une opération sans doute assez mal entendue. Le blé, il est vrai, après être épié, tend à s'élever aussi haut que le seigle, mais c'est en s'étiolant. Sa dégénération dans ce cas est si sensible, qu'il disparaît entièrement en très peu d'années, à moins qu'on ne diminue sans cesse dans le semis la proportion du seigle.

La farine de seigle fait une pâte qui lève mal, et un pain médiocre qui rafraîchit et se tient long-temps frais. Mêlée avec de la farine de froment, il en résulte un assez bon pain de ménage.

Le seigle sert encore à faire de l'eau-de-vie de genièvre, et quelquefois à nourrir les chevaux avec assez d'avantage, quand il n'est pas donné en trop grande quantité.

L'avoine, *avena sativa*, se divise, comme le froment, en un grand nombre de variétés : noire, brune, grise, blanche, jaune, rousse, en hivernale et printanière. Les deux variétés les plus connues dans la grande culture sont: les avoines noires à panicules unilatéraux, ayant les grains tournés du même côté, et celles à panicules circulaires. La première paraît plus délicate sur la nature du terrain, et sa paille est plus appétée par les animaux. L'autre est plus rustique, et sa paille est plus abondante.

Il y a une sorte d'avoine jaune très productive, peu difficile sur le choix du terrain; mais elle n'est pas, et bien à tort, recherchée dans les marchés des environs de Paris. J'ai toujours trouvé celle que j'ai cultivée, tirée des environs de Compiégne, mieux nourrie que la noire, plus grosse, plus farineuse, et moins sujette à dégénérer.

L'avoine est la plante par excellence pour les défrichemens de luzernes, de sainfoin, de trèfle, etc. Dans ce cas, elle s'accommode d'un seul labour donné pendant l'hiver pour mûrir le gazon qui;

après le hersage, maintient les terres très meubles, comme l'avoine les réclame.

L'avoine, aimant la terre allégée, vient parfaitement après les pommes de terre, les topinambours, parce que les sarclages qu'ils reçoivent et leurs arrachis rendent toujours le terrain très meuble. Elle s'accommode aussi de la couche inférieure qu'on peut ramener à la surface. Quand on veut augmenter la couche de terre végétale, en enfonçant la charrue dans la couche inférieure qui n'a pas encore été remuée, c'est donc par la culture de l'avoine qu'il faut commencer?

Dans l'assolement triennal, l'avoine vient à la suite du blé sur un seul labour : encore si la terre est franche et compacte, les pluies de mars peuvent raffermir le labour au point que l'avoine qu'il reçoit se trouve presque sans guéret. C'est sans doute d'après ces vicieux travaux, que M. Tessier rapporte que dans la Beauce on récolte, année commune, cent vingt gerbes d'avoine par demi-hectare. Quand elle est bien cultivée, il n'est pas rare d'obtenir un produit moilié plus fort en gerbes, qui peut donner au moins une quinzaine d'hectolitres de grains. Il se trouve des terres fortes calco-argileuses où un seul labour d'hiver peut suffire, parce qu'au mois de mars, après le gelées, ces terres si compactes, si tenaces dans d'autres temps, se trouvent parfaitement ameublies.

Les avoines d'hiver se sèment en septembre et en octobre. Quant à celle du printemps, on dit que semée en février, elle remplit le grenier. Néanmoins, comme elle est sujette à geler lorsque son germe est en lait, il vaut mieux, dans le nord, attendre pour commencer à semer les premiers jours du mois de mars.

Lorsque les avoines sont en herbe, on les herse par un beau temps. C'est de toutes les céréales celle qui s'accommode le mieux de cette opération. Il s'en arrache un peu ; mais comme elle tient lieu d'un bon binage, le reste n'en pousse que plus facilement.

Une des plantes qui nuisent le plus aux avoines, c'est le *sinapis*, fausse moutarde qu'on nomme *sanve* dans quelques pays. C'est une plante oléagineuse qu'il faut avoir soin de détruire, parce qu'elle effrite beaucoup les terres. L'avron, *avena fatua*, pousse également avec l'avoine ; et il est aussi d'autant plus essentiel de le détruire, que, mûrissant plus tôt, son grain tombe sur la terre, dans laquelle il peut conserver pendant plusieurs années, comme la sanve, sa vertu germinative.

L'avoine fait d'excellens gruaux : on en fait quelquefois une bière légère et de l'eau-de-vie de genièvre ; mais nourrir les chevaux, auxquels on la donne presque toujours en grain, est son objet principal.

Il y a trois espèces d'orge : l'*hordeum distichon*, orge à deux rangs ou marsèche, qui renferme la précieuse variété d'orge nue ; l'*hordeum hexastichon*, scourgeon, ou orge à six rangs, et l'*hordeum zeocriton*, orge éventail, ou faux riz. Les deux premières espèces sont les seules, en France, qui regardent la grande culture.

L'orge distique nue demande à peu près les mêmes opérations que l'avoine de printemps. Elle exige un terrain riche d'humus , chaud, et , par conséquent, plutôt calcaire que glaiseux. Le midi semble autant lui convenir que le nord à l'avoine. Ses racines pivotent plus que celles des autres céréales.

Quelques agronomes ont avancé que l'orge devait être semée plutôt que l'avoine. C'est toujours un bien d'être avancé : néanmoins, nous pouvons assurer qu'elle supporte mieux un semis d'arrière-saison. Aussi, dit-on, surtout dans le nord de la France : *A la Saint George , sème ton orge*. Nous en avons semé plusieurs fois à la fin de mai qui est venue très belle.

L'orge peut s'employer ou mondée ou perlée, et remplacer le riz. Elle demande plus de soin et plus de temps pour crever ; mais elle a plus de qualité, et elle est d'une saveur plus délicate. Sous la forme panaire, sa farine prend peu de liaison, et fait un pain sec et très médiocre. En petite quantité, l'orge concassée est excellente pour la nourriture des chevaux. La proportion doit être les deux tiers de celle de l'avoine.

13.

Le scourgeon , orge à six rangs , ou orge d'hiver, que dans la Flandre on destine ordinairement à la fabrication de la bière , est l'espèce la plus productive. Elle surpasse le froment d'un tiers : elle se cultive de même ; mais il lui faut des terrains riches ; et les départemens du nord lui conviennent mieux que ceux du midi. Elle végète beaucoup en herbe : c'est de toutes les céréales la meilleure espèce pour faire des pâturages de printemps. Elle est aussi précoce que le seigle , vient plus abondante , repousse mieux après avoir été fauchée ou pacagée. J'en ai vu, fauchée deux fois en vert, donner à la troisième pousse une assez belle récolte de grain.

Le millet et le sorgho, le maïs et le riz , ne seront jamais en France un objet principal pour la grande culture, parce qu'ils ne peuvent prospérer constamment qu'à une latitude au moins aussi chaude que celle de Bordeaux. Le millet et le sorgho produisent du pain détestable , comme le sarrasin. Le meilleur usage que les fermiers en pourraient faire serait de l'employer comme fourrage.

Le riz, au moins celui connu en Europe, ne vient que dans les terrains où l'on peut introduire de l'eau pendant une partie de sa végétation, laquelle, d'ailleurs, rend souvent l'air des campagnes pestilentiel. La culture du riz a été long-temps défendue en France.

Le riz est très abondant ; et avec de l'eau pour le faire crever, et du sel pour l'assaisonner, le pauvre s'en fait une nourriture très saine. Mais il est croyable que, n'ayant pas une farine aussi substantielle que le froment, et même que les autres céréales, si ce n'est l'orge, il rend les hommes plus mous, et cause la différence d'énergie qui se trouve entre les Indiens et les habitans de l'Europe.

Le maïs offre beaucoup de variétés: il n'y a peut-être pas de plante qui soit susceptible d'en offrir davantage. Il suffit de planter deux variétés à côté l'une de l'autre, pour en avoir une troisième. J'en ai obtenu cinq à six par ce moyen. Le plus avantageux, dans les environs de Paris, est le moyen à huit rangs : le grand n'y mûrit pas toujours. Il y en a

une petite variété très précoce , nommée *maïs à poulet*. Lorsque le grain est
encore en lait , on en peut faire confire
les épis dans le vinaigre pour tenir lieu
de cornichons. Elle n'est pas assez productive en grain pour être cultivée en
plein champ.

À la fin d'avril, ou au commencement
de mai , lorsqu'il n'y a plus de gelées à
craindre , on peut, dans les environs de
Paris , planter le maïs par touffes espacées de dix-huit pouces. On le sème
aussi à la volée , et beaucoup mieux en
rayons. Il demande des binages, et veut
être buté , afin que les vents n'en puissent pas éclater les tiges. Ces binages
peuvent, en grande partie , se faire avec
l'araire.

Le grand maïs est de tous les gramens
le plus productif. C'est une grande ressource pour les habitans des provinces
méridionales en Europe , où l'on en fait
assez généralement de prodigieuses récoltes. Mais si, sans le secours des viandes et du lait , on en faisait autant
d'usage que du riz, peut-être ne ren-
drait-il pas les hommes plus nerveux.

M. Bosc nous assure que les chevaux
qu'on en nourrit en Amérique, sont très
veules. On prétend que dans la Pen-
sylvanie, les Quakers, persuadés qu'il
adoucit le caractère, en nourrissent les
gens condamnés aux prisons pour des
crimes. N'est-ce pas une raison pour
croire que cette nourriture donne moins
d'énergie, moins de force et par conséquent moins d'audace pour les entreprises, soit en bien, soit en mal, suivant
l'éducation, les habitudes et les mœurs
des individus?

La farine de maïs, mêlée avec celle de
froment, fait un bon pain de ménage.
Pour qu'elle ne s'oppose pas à la levure
et à la fermentation de la pâte, il faut
d'abord en composer, avec de l'eau, une
bouillie ordinaire, qu'on fait cuire: la
verser dans le pétrin, et y joindre, après
le levain, de la farine de froment, ce
qu'elle en peut absorber, afin de composer une pâte convenable à la confec-
tion du pain. Le maïs est excellent pour
engraisser les porcs, et tous les bestiaux
sont avides de son feuillage.

CHAPITRE IX.

Plantes diverses, propres à la grande culture.

Après les détails que nous venons de donner sur la culture des céréales, il nous reste peu de chose à dire sur la plupart des autres végétaux qu'on cultive pour l'ordinaire eu plein champ dans notre pays, parce qu'une partie des mêmes opérations leur sont applicables. Ces végétaux peuvent se diviser en prairies artificielles, et plantes légumineuses, à racines pivotantes et à tubercules, et en plantes oléagineuses et tinctoriales.

Parmi les plantes propres à faire des prairies artificielles, nous distinguerons, par rapport à leur qualité et à l'abondance de leur produit, la luzerne, le sainfoin, le trèfle, la lupuline, le trèfle incarnat, la grande pimprenelle et la chicorée sauvage.

Toutes ces prairies, à l'exception du trèfle incarnat, se sèment en général au printemps, par un temps humide, à l'aide d'un très léger hersage, dans les avoines, dans les blés, dans les orges, soit à leur naissance, soit lorsqu'elles ont un pouce ou deux de végétation : celles - ci étant dans ce dernier état, on a l'avantage qu'elles peuvent garantir le germe de la plante de l'ardeur du soleil. Le sainfoin, peu sensible à la gelée, s'accommode également bien des semis d'automne. On peut le semer aussi plus avantageusement que les autres prairies, à terre nue, parce que si la terre a été bien fumée, et le semis fait en mars, on peut espérer une bonne récolte dès la première année.

La luzerne, *medicago sativa*, plante qui a été connue des anciens, aime les terres franches, profondes, et pouvant conserver quelque fraîcheur sans humidité. Elle prospère encore bien dans les sables gras et profonds qui reposent sur une argile marneuse ou autre terre qui ne retient pas trop les eaux, dont le séjour la ferait périr promptement. Elle peut durer dix, douze et même quinze ans, suivant que le sol permet à ses racines de s'étendre et de prendre de la force.

Il faut environ douze kilogrammes de graine de luzerne pour emblaver un hectare de terre. La première année, et même les deux années suivantes, la plante n'ayant encore que de faibles racines, il convient d'en écarter les bêtes à laine qui, en la paissant, la feraient périr en partie. A la seconde année la luzerne est déjà abondante, et à la troisième, elle est dans toute sa force. Lorsqu'elle vieillit, de vigoureux hersages, surtout avec des dents de fer, et le plâtre ou le gypse, comme nous en avons déjà fait mention, peuvent la ranimer pour quelques années. Son dernier âge se fait remarquer par la diminution des souches qui périssent successivement; et c'est le temps d'y mettre la charrue, pour rendre la terre aux assolemens ordinaires.

Une bonne luzerne peut donner, année commune, par hectare, à la première coupe, qui renferme toujours quelques plantes de prairies naturelles, huit cents bottes de fourrage, du poids de six à sept kilogrammes; cinq cents à la seconde, et deux cents à la troisième. Pour obtenir un fourrage qui ne soit pas

trop dur, et qui néanmoins ne diminue
pas trop en se desséchant, il faut la couper au moment précis de la fleur, et par
un temps qui puisse permettre de la faner et de la rentrer sans pluie.

Prise en vert, la luzerne est sujette
à causer le météorisme : mais lorsqu'elle
a jeté son feu dans le grenier, c'est un
des meilleurs fourrages pour entretenir
en bon état les chevaux, les bœufs et les
bêtes à laine. La première coupe est
avantageuse pour la nourriture des chevaux, et les autres coupes pour celle des
bêtes à laine et à cornes.

La cuscute, nommée *teigne* dans quelques cantons, attaque quelquefois la luzerne et il est souvent assez difficile d'y
remédier. Le moyen le plus efficace que
nous ayons, c'est de gratter immédiatement après les coupes, avec un fort rateau
à dents de fer très serrées, tous les endroits de la luzerne qui en sont affectés.

Le sainfoin, *hedysarum anobrichis*,
connu dans l'agriculture depuis environ
deux siècles et demi, se plaît, comme
presque toutes les plantes, dans les terres de bonne qualité. Sa durée égale à

peu près celle de la luzerne. Ce qui le
rend très avantageux, c'est qu'il peut
s'accommoder aussi des terres calcaires,
pierreuses, lorsqu'elles sont riches d'engrais et d'amendemens. Il les rend ensuite favorables à la culture du blé. Dans
les sols peu profonds, il n'a pas une longue durée.

Depuis quelques années, on en possède une variété à deux coupes, qu'on
tire principalement des environs de Pé-
ronne. En bonne terre, ses produits peuvent être égaux à ceux des premières et
troisièmes coupes des meilleures luzernes. Le sainfoin fleurit deux à trois semaines avant ce dernier fourrage. Vert
comme sec, il ne présente aucun inconvénient pour les bestiaux : il passe pour
être également très substantiel, et il a
tiré son nom de ses excellentes qualités.
Cependant, après être resté neuf à dix
mois dans les greniers, il devient un peu
poudreux, et il se conserve difficilement.

Le sainfoin se sème à peu près dans
les mêmes proportions que la luzerne;
mais comme sa graine est plus difficile
à faire sortir de sa gousse, c'est ordinai-

rement sans l'en extraire qu'on l'emploie. Dans cet état, il en faut environ trois hectolitres par hectare; on l'enterre avec la herse comme le blé, mais plus légèrement.

La culture du trèfle *trifolium rubens*, ne remonte guère au-delà de celle du sainfoin. Il en faut environ huit kilogrammes par hectare. La graine qui provient d'une terre où il se plaît beaucoup, influe considérablement sur ses produits. Il aime les terres franches et presque toutes les bonnes terres à froment. La première année, si on l'a semé dans des céréales, il donne quelquefois une coupe après la moisson, vers le mois d'octobre. A la deuxième année, il est dans toute sa force. Il fleurit quelques jours après la luzerne, dont il peut égaler les produits. Il ne donne guère que deux coupes. La troisième pousse, étant trop en retard pour la fanaison, s'enfouit comme engrais ou sert pour le pacage. Il peut durer trois ans; mais il est rare que, dans la grande culture, on le laisse parvenir à cet âge. Là, on le fait entrer dans les assolemens ordinaires. On le sème au printemps dans les céréales, et l'année suivante on le récolte et il remplace la jachère. Après on le retourne pour emblaver le terrain en céréales, et principalement en blé.

En vert, donné inconsidérément, il est sujet, comme la luzerne, à météoriser les animaux. Lorsqu'il a jeté son feu, après le fanage, c'est peut-être le plus nourrissant des fourrages; mais il échauffe les bestiaux et leur fait beaucoup de sang. Il nous a toujours paru prudent de ne pas le leur donner seul pour nourriture, mais de l'entremêler avec d'autre par tiers ou par moitié.

La lupuline, *medicago lupulina*, dont la culture date de très peu de temps, convient principalement aux terres un peu calcaires, et elle peut y faire avec le sainfoin, la base des prairies artificielles, comme le trèfle et la luzerne le font dans les terres fortes et franches. Le semis s'en fait comme celui du trèfle ordinaire, ou lorsque la graine est encore dans sa gousse, comme celui du sainfoin. Elle est aussi précoce que ce dernier fourrage, elle n'est pas non plus d'une qualité moins précieuse, et elle peut se conserver plusieurs années sans aucune altération.

Quand on veut récolter de la graine des prairies artificielles dont nous venons de parler, on garde des secondes pousses, auxquelles on laisse parcourir toutes les périodes de leur végétation, à l'exception de la lupuline et du sainfoin dont la graine doit se tirer de la première coupe, la seconde étant presque toujours nulle. Dans le sainfoin à deux coupes, il faut tirer la graine de la seconde, crainte de le faire dégénérer.

Le trèfle incarnat, *trifolium incarnatum*, est une plante annuelle, qu'on peut semer en juillet, août ou septembre sur le chaume du blé, de l'orge ou de l'avoine, après avoir sarclé la terre avec une herse à dents de fer, et même à dents de bois, si la terre s'entame facilement. Il fournit au printemps un pacage très précoce et très abondant : vingt-cinq à trente kilogrammes de graine suffisent pour un hectare.

Le semis de la grande pimprenelle, *poterium sanguisorba*, se fait comme celui de sainfoin. Dans les bonnes terres, elle donne de grands produits; mais le fourrage fané en est très dur. Sa plus grande utilité, c'est de donner dans les terres crayeuses peu productives, des prairies saines, et surtout pour les bêtes à laine. Elle a aussi l'avantage d'être pré-coce et même de végéter presque dans toutes les saisons, et jusque sous les neiges.

La chicorée sauvage se sème aussi au printemps, souvent parmi les avoines. Son fourrage en vert, le seul dont on puisse faire usage, est abondant dans presque tous les terrains. Il se coupe qua-tre à cinq fois par an; il a l'avantage d'être purgatif, fortifiant, et d'augmenter l'ap-pétit des animaux.

Sous le nom de plantes légumineuses, nous comprendrons les vesces, les pois gris, les lupins, les gesses, les lentillons, les féveroles, employés généralement pour la nourriture des animaux; et les fèves, les haricots, les pois, les lentilles, pour la nourriture de l'homme.

Dans les départemens septentrionaux, on sème presque toutes ces plantes aux mêmes époques que les avoines et les orges. Il y a des vesces et des lentillons qu'on peut semer en automne. Toutes les bonnes terres conviennent aux plantes légumineuses. Les lentilles et les lentillons grènent mieux dans les terres un peu calcaires, et les fèves et les féveroles conviennent aux terres fortes, qu'elles disposent pour la culture du froment. Les vesces d'automne, qu'on appelle *dragées*, lorsqu'elles sont mêlées d'environ un douzième d'avoine, de seigle, d'orge ou de scourgeon, viennent aussi très bien dans les terres un peu calcaires, lorsqu'elles sont bien engraissées.

La vesce, *vicia sativa*, lorsqu'elle est en fleurs ou près de fleurir, fournit un excellent pacage pour les moutons. En cosse, elle fait un fourrage très nourrissant pour les chevaux ; elle peut entrer pour un tiers dans leur nourriture.

Il est essentiel de couper la vesce, ainsi que les lentillons et les pois gris, desquels on veut faire du fourrage, lorsque les cosses sont encore verdâtres, afin qu'elles ne laissent point échapper le grain et que les tiges en soient encore savoureuses. Un hectolitre et demi de semence de vesce suffit pour un hectare de terre. La cuscute attaque quelquefois la vesce comme la luzerne. Dans ce cas, il n'y a d'autre remède que de la faire consommer en vert.

Les pois gris ou pois des champs, *pisum sativum*, et les lentillons, *ervum lens-minor*, se cultivent comme la vesce; ils sont employés aux mêmes usages. Les pois procurent un fourrage sain et rafraîchissant, un peu relâchant et sujet à causer des vents; et les lentillons, un fourrage de première qualité. Il faut trois hectolitres de pois pour emblaver un hectare de terre. Il ne faut qu'un hectolitre de lentillons.

Les lupins, *lupinus albus*, et la gesse, *lathyrus sativus*, peuvent s'employer aux mêmes usages que les pois et les vesces. Ils demandent la même culture, et possèdent, comme fourrages, des qualités qui ne peuvent soutenir la concurrence. La gesse est peu délicate sur le terrain, et elle se sème ordinairement avant l'hiver.

Les féveroles, *faba minor*, parvenues à maturité, peuvent, étant concassées ou entières, remplacer avantageusement l'avoine pour la nourriture des chevaux. Les cochons en sont aussi très avides, et surtout lorsqu'elles sont concassées ou ramollies et renflées dans l'eau. Il en faut quatre hectolitres pour emblaver un hectare de terre : leur grenaison, en mesure égale de terrain, peut égaler celle du scourgeon, que nous avons déjà mentionnée. La grenaison des autres plantes légumineuses peut égaler celle du blé ; mais toutes ces plantes sont sujettes à la coulure ou à peu fleurir, surtout lorsqu'elles poussent beaucoup en herbe, ou qu'elles sont arrêtées par une trop grande sécheresse.

Toutes les plantes légumineuses qui servent pour la nourriture des chevaux, et que dans beaucoup de pays on appelle *bisailles*, parce que le grain en est recherché par les pigeons bisets, se sèment ordinairement sur un seul labour, par le moyen duquel on enterre les fumiers, qui servent aussi pour le blé, qu'on fait suivre pour l'ordinaire immédiatement.

Plusieurs agronomes conseillent de semer les bisailles en rayons, afin de pouvoir les biner. Lorsqu'étant semées à la volée elles commencent à végéter, on peut pourtant les herser pour servir de sarclage, et bientôt, si la terre a été engraissée convenablement, elles acquièrent assez de force pour couvrir le champ, et détruire elles-mêmes les plantes étrangères.

Pour les fèves, les haricots, les pois et les lentilles, la terre doit recevoir à peu près les mêmes façons que pour les bisailles. On plante quelquefois ces légumes à la touffe espacée d'un tiers de mètre. Pour chacune trois fèves suffisent, sept à huit pois, autant de lentilles et quatre à cinq haricots, et quelquefois moins, suivant la variété. Dans la grande culture, on peut les planter en rayons et les biner avec l'araire. Il est cependant très utile de compléter le travail avec la binette à main.

Le grain de la fève, soit encore vert, soit après sa dessiccation, procure une nourriture très saine. Il y a des pays où les purées qu'on en fait composent d'excellentes soupes pour la nourriture des domestiques employés aux exploitations rurales. On peut semer les fèves

depuis la fin de février jusqu'à la fin
d'avril.

Les pois se sèment aux mêmes époques : ils peuvent s'employer aux mêmes
usages. Les lentilles sont très recherchées
pour la table, sur laquelle on les sert en
grain ou en purée.

Les haricots, *phaseolus*, comme les
lentilles, ne servent guère que pour la
table. Il s'en emploie beaucoup en vert,
en petites cosses ou en grain. Les haricots nains sont à préférer pour la culture
des champs. Ceux de couleur sont les
plus rustiques. Le gros flageolet et le
soisson sans rame, donnent cependant
de très beaux produits, lorsqu'ils sont
cultivés avec soin. Les haricots demandent les terres les mieux ameublies et au
moins deux binages : le premier, lorsqu'ils ont quelques feuilles, et le second,
lorsqu'ils sont près de fleurir. Les tiges
et les cosses des haricots et des fèves sont
excellentes pour chauffer le four : elles
procurent des cendres de très bonne
qualité qui renferment beaucoup de potasse.

Les plantes oléagineuses qu'on cultive

en plein champ, sont principalement : le pavot somnifère, le colza, la navette, la caméline, le sénevé ou la moutarde, le lin et le chanvre.

Le pavot, *papaver somniferum*, dont la graine est très petite, doit être semé clair en automne ou au printemps. Le semis d'automne, comme pour toutes les autres plantes qui peuvent l'admettre, est pour l'ordinaire plus avantageux. Dans le nord, en France principalement, la crainte des hivers rigoureux fait qu'on en sème beaucoup au printemps. Une petite pluie est suffisante pour l'enterrer. Le pavot demande la terre la plus riche, la plus douce, la mieux engraissée et amendée, et de fréquens sarclages faits à la main avec des binettes. Il faut en laisser un pied tous les huit à neuf pouces. Quand le pavot est à maturité, on en coupe les tiges, dont on fait achever la dessiccation, en les réunissant debout en forme de faisceaux et avec beaucoup de précaution, afin que les graines ne s'échappent point par le haut des capsules.

Les tiges sont - elles bien desséchées ? on les porte sur des draps, pour y briser les capsules et recueillir la graine, qu'on fait encore sécher au soleil, pour lui faire perdre son eau de végétation.

La graine de pavot, comme celle de toutes les plantes huileuses, doit être bien nettoyée et vanée, parce qu'au moulin les matières étrangères absorberaient une partie de son huile, et pourraient en altérer la qualité.

Le pavot est d'un grand usage en médecine. Dans les dyssenteries et dans les inflammations des intestins, ses têtes remplies de leurs graines, après de légères décoctions théiformes, servent en lavemens, d'adoucissans et de calmans très salutaires. Dans les Indes, on en tire de l'opium par des incisions à son tuyau, lorsqu'il est dans la force de sa végétation. En France, sa culture a pour objet principal l'huile qu'on en peut extraire, connue dans le commerce sous le nom *d'huile d'œillet*, la meilleure, en fait d'aliment, après celle d'olive. Comme elle est inodore et très douce, beaucoup de personnes lui donnent même la préférence. Le marc de l'huile d'œillet engraisse les bestiaux et les volailles.

Le colza, *brassica arvensis*, tient le second rang comme plante huileuse propre à la grande culture. L'huile qu'il donne s'emploie presque exclusivement pour la préparation des cuirs et des laines. Elle est bonne pour éclairer. On s'en sert aussi comme aliment, mais elle est très médiocre pour cet usage.

La terre pour le colza, doit être parfaitement préparée, comme pour le froment, qu'il précède pour l'ordinaire: s'il lui succède, ou à de l'avoine, aussitôt après la moisson, et au plus tard dans le courant d'août, on retourne le chaume par le moyen d'un binot, duquel on profite pour enterrer du fumier très pourri. Vers le mois d'octobre on donne un labour de sept à huit pouces de profondeur, pour mettre en terre le plant du colza qu'on tire de la pépinière où on l'a semé dans les premiers jours d'août, en l'accotant, de huit en huit pouces, sur le côté d'une raie ouverte qui se trouve remplie par la raie suivante. Plusieurs fermiers flamands le plantent à la cheville comme des choux, à la distance l'un de l'autre aussi de huit à neuf pouces. Il faut ; au printemps, sarcler le colza. Quand la terre est meuble il suffit de le herser : sa prompte et vigoureuse végétation le rend bientôt maître du terrain.

C'est ordinairement vers la fin de juin que le colza parvient à maturité. Après l'avoir coupé, on peut le placer sur terre pour achever sa dessiccation, les siliques en haut, et par grandes brassées retenues avec des liens, appuyées les unes contre les autres et formant de longues rangées. On bat le colza sur des toiles dans le champ même qui l'a produit. Les tourteaux ou le marc dont on a exprimé l'huile, peuvent servir à la nourriture et à l'engrais de tous les bestiaux.

La navette, *brassica napus*, dont l'huile a les mêmes propriétés que celle du colza, se sème en automne, à raison de cinq à six livres par hectare, et, comme toutes les petites graines, elle se couvre très peu. Il y en a aussi une variété pour le printemps. On peut herser pour tenir lieu de sarclage. La navette se cultive quelquefois pour le pacage. Elle s'accommode des terres calcaires et de toutes les terres un peu meubles naturellement.

La caméline, *myagrum sativum*, produit une huile préférable à toute autre pour l'éclairage. C'est aussi de toutes les graines de plantes oléagineuses celle qui, à poids égal, fournit la plus grande quantité d'huile. La caméline demande une terre allégée et ameublie par la culture. On peut fumer celle-ci en hiver, et enfouir l'engrais par le moyen d'un binot. On herse à force au commencement du printemps pour bien adoucir le terrain; et, un peu avant de semer, on donne un labour qui d'ordinaire maintient toujours l'engrais entre deux terres, et le plus près possible de la surface. On peut semer la caméline après avoir égalisé le terrain avec la herse, à raison de quatre kilogrammes par hectare, depuis la mi-avril jusqu'à la fin de mai. Une petite pluie peut la couvrir : on peut aussi le faire en passant seulement le rouleau, qui la couvre avec les petites mottes qu'il brise et qu'il étale dessus. Trois mois suffisent à la caméline, qui se sème à la mi-printemps, pour parcourir en entier le cercle de sa végétation, et c'est ce qui la rend une des plantes les plus pré-

cieuses ; car elle peut remplacer toutes les
semailles d'automne qui ont mal réussi.
On peut la couper à la faucille, la laisser pendant quelques beaux jours sécher
en javelles comme l'avoine, et ensuite
la battre sur de grandes toiles, comme
le colza. C'est une opération qui se fait
avec facilité et très promptement. On
peut aussi la cultiver pour le pacage.

La caméline peut produire, comme le
pavot, une quinzaine d'hectolitres de
graine par hectare. Les autres plantes
huileuses peuvent les surpasser d'un tiers
et plus. Les tiges de la caméline sont fi-
lamenteuses, mais donnent une filasse
médiocre. Elles sont bonnes pour litière.
Quelques bestiaux, les vaches surtout,
en mangent, après le battage, les panicules et les menues pailles des capsules.
Elles peuvent aussi servir de combusti-
ble comme les tiges des autres plantes
oléagineuses.

Le sénevé, ou la moutarde, *sinapis
nigra*, duquel on extrait une huile ré-
solutive, ou forme une pâte dont on se
sert comme aliment propre à exciter l'ap-
pétit, se sème en mars, dans les mêmes

proportions que la navette, et se récolte à la fin d'août. Il demande une terre de première qualité, un peu légère et plutôt humide que sèche.

Observons qu'en général les graines huileuses, pour perdre leur eau de végétation et acquérir une bonne qualité, ne doivent être envoyées au moulin que deux ou trois mois après la récolte, et que dans cet intervalle il faut les remuer très souvent, parce qu'elles ont une grande tendance à s'échauffer et à moisir.

Le lin, *linum usitatissimum*, pour bien prospérer demande plusieurs labours, des terres très meubles, profondes, et riches de bons engrais bien consommés. En France, les agronomes distinguent assez généralement trois variétés de lin : le grand lin ou lin de fin qui pousse un peu grêle, peu branchu, et qui procure le plus beau fil ; le lin têtard, plus fort, plus rameux, moins élevé, produisant une filasse inférieure, et portant beaucoup de graine; par conséquent, il doit être préféré, quand l'extraction de l'huile est le but principal de la

culture ; la troisième variété est le lin
moyen , qui tient le milieu entre les
deux autres , et dont la culture est la
plus répandue. Il y a aussi du lin hiver-
nal et du lin marsais ; mais le premier
étant souvent détruit par les gelées est
très peu cultivé.

L'on croit assez généralement que le
lin a une grande tendance à dégénérer.
On a prétendu qu'il fallait renouveler
la graine et la tirer de l'étranger. Riga,
principalement , était en possession d'en
fournir une grande quantité pour la Flandre. Cependant, comme les Hollandais
faisaient cette commission, souvent ils li-
vraient pour de la graine étrangère celle
de leur propre pays, et l'on s'apercevait
rarement de la fraude. M. Tessier, l'un
de nos concitoyens les plus zélés pour affranchir son pays de toute importation ,
et, par conséquent, de tout tribut étranger, ne pense pas que nos graines de lin
deviennent inférieures lorsqu'on les sou-
met à des semis convenablement espacés
pour la prospérité parfaite de la plante,
et croit que la dégénération provient seulement de ce qu'on tire la graine ou d'un

terrain qui lui convient peu , ou d'un plant qu'on a semé trop dru, afin d'avoir du lin de fin, et qu'on arrache aussi avant l'entière maturité. Ce qui n'est peut-être pas encore sans défaut sous le rapport du fil ; car lorsque le lin est arraché trop vert, la filasse peut être plus douce, plus fine, mais beaucoup plus cassante.

On peut semer le lin depuis le moment où les gelées ne sont plus à craindre, jusqu'à la fin de mai. Lorsqu'on a en vue d'obtenir du grain , cent kilogrammes peuvent suffire pour emblaver un hectare de terre, et la quantité s'augmente à proportion qu'on veut obtenir du fil plus ou moins fin. Elle peut aller jusqu'au double et même au-delà , surtout lorsqu'on veut obtenir ce tissu admirable qui forme les batistes et les dentelles de Flandre. Ce dernier a souvent besoin d'être soutenu par de petites rames ou menues branches de bois , afin que les pluies ne puissent le faire verser et coucher sur terre où il pourrait pourrir : ce qui gâterait absolument la qualité du fil qu'il doit donner.

Le lin , qu'il faut semer dans un mo-

ment de fraîcheur, pour qu'il lève promptement, veut être enterré au plus d'un
demi-pouce ; or, il faut le semer sur
une terre sans motte, bien réduite de
hersage, et où le séjour des eaux ne soit
point à redouter, c'est-à-dire, bien plan-
chée ou billonnée, s'il est nécessaire.

Lorsque le lin a deux ou trois pouces
de hauteur, il faut détruire les mauvaises herbes qui auraient pu lever avec lui.
Il peut être nettoyé comme les carottes
et les oignons par des femmes et des enfans, avec une espèce de petit sarclet à
main, qui sert en même temps à lui donner un petit binage. La cuscute pourrait
l'attaquer comme elle attaque la vesce :
alors il faut en arracher toutes les portions qui en sont infectées, afin que le mal
ne se propage pas davantage. Les grandes
sécheresses sont très nuisibles à la végétation du lin, et les trop grandes pluies
ne lui sont pas moins préjudiciables.

Le lin arrive-t-il à maturité ? on l'arrache et on le réunit par petites javelles
qu'on dresse debout, en forme de faisceaux, pour compléter le desséchement
des tiges et des graines. Est-il bien des-

séché?, on en extrait la graine, soit dans le champ même qui l'a produit, soit dans la grange où l'on a pu le rentrer comme les céréales. Pour l'obtenir on le prend par poignée, on pose les extrémités sur un banc, et on frappe dessus avec un battoir. Il vaut mieux faire usage de la table qui sert pour le battage du blé. Il suffit pour en faire sortir la graine de frapper dessus les extrémités de chaque poignée qu'on peut tenir dans les deux mains. On peut aussi obtenir la graine du lin en faisant passer les extrémités des tiges à travers une espèce de peigne à dents de fer ; mais ce procédé a l'inconvénient de le mal égrener et quelquefois d'en rompre plusieurs tiges.

Après l'extraction de la graine, on réunit plusieurs poignées, on les égalise par le talon, ayant soin que toutes les tiges soient dans le même sens parallèle, et alors on en fait de petites bottes pour être ensuite portées au rouissoir.

Le rouissage a pour but de dégager, par la fermentation, les fibres corticales de la partie boiseuse, dite *chénevotte*, qui les enveloppe. Pour cela, en automne, après la récolte, si le temps est encore chaud, ou au printemps suivant, on place dans l'eau le lin, par couches régulières qu'on appuie avec des pierres, de la terre ou des morceaux de bois; on les retire aussitôt qu'on reconnaît que les fibres corticales se séparent aisément des autres parties; on les lave et on les fait sécher promptement, soit à l'air libre, soit artificiellement. Les eaux stagnantes et les petits ruisseaux qui coulent lentement, sont propres au rouissage, mais non les eaux vives, parce que la fermentation s'y établit avec trop de difficulté. Il importe de choisir un lieu assez éloigné des habitations, parce que le rouissage corrompt les eaux et infecte aux environs l'atmosphère. On fait aussi sur des prairies rouir à la rosée.

Le lin est-il roui? il faut séparer la filasse de la chénevotte. La plus simple manière de faire cette opération, c'est de prendre le lin par poignée et de le frapper, étant posé sur une espèce de banc, avec un battoir. La chénevotte étant bien brisée, on passe et on repasse avec soin la poignée sur l'angle du banc, et ensuite on la secoue d'une main pour faire tomber le reste de la partie boiseuse. Dans plusieurs endroits on opère avec plus de célérité, en faisant passer le lin sous la meule d'un moulin qu'on appelle *ribe*. La chénevotte est-elle séparée? il faut serancer, ou, pour mieux dire, démêler encore avec une espèce de peigne à dents de fer la filasse, ôter l'étoupe, c'est-à-dire, rendre nette et unie la filasse dont on forme ensuite des poignées, qu'on lie pour être livrées au fabricant de toiles. Serancer est une opération qui demande le plus grand soin : l'ouvrier qui prendrait de trop grosses poignées, qui emploierait trop de force, casserait les fibres et ferait beaucoup d'étoupes. Il faut donc employer une force modérée, en commençant le *serançage* par l'extrémité des tiges pour finir au talon.

Le chanvre, *cannabis sativa*, par l'embarras des sarclages et de l'arrachis des pieds mâles et femelles, qu'on doit faire à différentes époques, et conséquemment avec un soin qui entraîne de la lenteur, pour ne pas briser les tiges qu'il faut laisser en terre, ne convient guère qu'aux petites exploitations. Cette plante, dont la filasse, comme on sait, si utile pour les cordages et surtout pour les toiles à voile, est plus grossière mais plus abondante que celle du lin ; elle se sème dans les mêmes proportions que le lin, vers le mois d'avril, de mai et le commencement de juin. Elle épuise autant la terre, demande autant d'engrais et à peu près les mêmes façons que le lin. Si la Bretagne, qui a tant d'excellentes terres et qui est arrosée si souvent par les pluies du ciel, voulait s'y adonner particulièrement, elle en tirerait des sommes immenses.

Dans plusieurs endroits, on a l'habitude de faucher tout le chanvre à la fois. Cette pratique est certainement très vicieuse, puisque les pieds femelles, qui portent la graine, ne se desséchant que beaucoup après les autres, ne peuvent, étant coupés avant leur maturité, donner qu'une filasse très médiocre. Il faut observer aussi que le mâle donnant un fil plus fin et plus doux demande à être roui séparément.

Parmi les plantes cultivées pour leurs racines, nous distinguerons la betterave, la carotte et le panais, le rutabaga et les navets, les pommes de terre et les topinambours.

De la betterave, *beta vulgaris*, on a extrait, depuis quelques années, un sucre qui vaut, pour la qualité, celui de la canne des Indes ; mais peut-être en trop petite quantité pour soutenir la concurrence. Néanmoins les manufactures où l'on s'en occupe se perfectionnent, et ceux qui les prônent nous assurent que maintenant on y peut obtenir du sucre à moins de deux francs le kilogramme. Si le fait est véritable, c'est une découverte des plus heureuses pour la patrie et des plus importantes pour notre agriculture ; car elle nous affranchira bientôt, au profit de nos cultivateurs, du tribut énorme que nous payons aux étrangers pour en obtenir le sucre que nous consommons, et auquel presque toutes les classes de la société sont si habituées maintenant, qu'on peut le regarder comme une des denrées de première nécessité. Après l'extraction du sirop qui produit le sucre, il y a encore dans la betterave un résidu qui peut aider à la nourriture des bestiaux, cochons, moutons et vaches.

Il faut pour cultiver la betterave un binot d'automne servant à enterrer le fumier, un labour au commencement de l'hiver, et un nouveau labour à la fin d'avril ou dans les premiers jours de mai pour recevoir la semence de cette plante, à raison de trois décalitres par hectare. Si on ne fume qu'au dernier labour, lorsqu'on s'apprête à semer, il faut surtout que ce soit avec des fumiers bien pourris. Il faut sarcler aussitôt que la betterave a poussé ses premières feuilles, et en laisser un pied tous les neuf à dix pouces. On sarcle encore lorsqu'elle commence à vouloir prendre du volume. Avant les gelées, il faut arracher les betteraves et les serrer. Indépendamment du sucre qu'elles peuvent donner, on peut aussi, étant cuites sous les cendres, les manger en salade. Les vaches et les bêtes à laine s'accommodent encore mieux, comme il est facile de le croire, de leurs racines et de leurs feuillages que du résidu qu'elles donnent après l'extraction du sirop. La culture de la betterave prépare la terre pour celle du froment.

La carotte, *daucus carrota*, se sème ordinairement en mars sur des terres meubles, riches d'engrais, et sur des labours profonds. On peut la semer jusqu'au mois de juin : elle exige des sarclages à la main. Il faut espacer les carottes de trois à quatre pouces. Tous les bestiaux aiment leurs feuillages et leurs racines ; les chevaux s'en accommodent d'autant mieux qu'elles sont excellentes pour les rafraîchir.

Le rutabaga, *brassica rutabaga*, ou navet de Suède, peut se cultiver comme plante huileuse, mais avec désavantage : il exige autant de soins et les mêmes terres que le colza. Les produits en nature pourraient soutenir la concurrence, mais non l'huile qu'on en peut extraire. Semé au printemps, le rutabaga donne un abondant feuillage et de gros navets qui ne sont pas sensibles aux gelées. Sous ce rapport, et sous celui de ses prodigieux produits, il mérite aussi une grande recommandation. On peut le semer en automne pour servir de pacage précoce.

Les navets, *brassica napus*, dont une variété est excellente pour la cuisine et plusieurs autres pour les vaches et les moutons, se cultivent comme seconde récolte, au commencement de l'été. Il faut les semer par un temps de pluie, et les espacer en les sarclant, à peu près comme les carottes. Il est étonnant que dans le midi surtout, on ne tire pas un meilleur parti d'une plante si précieuse, si propre, par l'abondance de la nourriture qu'elle procure, à multiplier le nombre des bestiaux, sans nuire à la culture des autres plantes, puisqu'elle ne leur succède que quand le champ est libre et ne doit plus rien produire pendant le reste de l'année. Dans une terre siliceuse, douce et légère, les navets ont plus de qualité pour la nourriture de l'homme. Il y en a des variétés qui supportent en terre cinq à six degrés de froid du thermomètre de Réaumur. Ils préparent la terre pour la culture des céréales.

La pomme de terre, *solanum tuberosum*, doit tenir un des premiers rangs dans toute économie domestique bien

16.

entendue. M. Parmentier a contribué beaucoup par ses écrits à la faire propager en France. Elle offre une substance alimentaire très saine et très facile à digérer : elle exige peu d'apprêt. Cuite seulement sous les cendres ou à la vapeur et mangée aussitôt, elle a une saveur très agréable ; dans cet état, tous les enfans entre autres en sont avides. Les animaux domestiques la recherchent autant que les hommes. Lorsqu'on veut les en nourrir, il est économique de la faire cuire au four, qu'on chauffe un peu plus que pour le pain, surtout si on en fait cuire à la fois tout autant que le four en peut contenir. J'en ai fait cuire ainsi jusqu'à quarante boisseaux par fournée. Les moutons qui en sont engraissés, ont une chair délicieuse.

La culture de la pomme de terre augmente singulièrement la sécurité contre les disettes. Elle ne craint ni les tempêtes, ni la grêle, qui ravagent si souvent les céréales, et ses produits sont immenses. Un hectare en peut procurer une récolte de trois à quatre cents hectolitres, qui peuvent, comme nourriture, équivaloir à une portion de blé de deux cents. La fécule amilacée qu'on retire de ce précieux tubercule, peut composer des soupes pour la table des gens riches, des biscuits de Savoie et d'autres pâtisseries de choix. On en fait aussi des bouillies excellentes, principalement pour rétablir les personnes attaquées de consomption; enfin, sa fécule rend les sauces des ragoûts moins visqueuses et moins collantes que la farine de froment, et d'une digestion plus facile.

Il existe beaucoup de variétés de pommes de terre, qu'on obtient par les semis: blanches, rouges, jaunes, violettes, rondes ou longues, et toutes plus ou moins hâtives. Dès la mi-juin on en peut récolter. Pour bien prospérer, la pomme de terre ne veut pas un champ trop appauvri. Cependant le fumier affaiblit ses qualités. Voulez-vous préparer la terre à la recevoir? donnez un binot en hiver, et plantez dans le courant d'avril par le moyen d'un bon labour, lorsqu'il n'y a plus de gelées à redouter. On les place dans un sillon sur trois, en les espaçant de deux tiers de mètre et en observant de ne point les placer dans le fond de la raie, mais sur le côté, en terre douce; elles se trouvent couvertes par la terre du rayon suivant. Si la pomme de terre est très forte, on peut la partager, pour en faire autant de touffes, en morceaux qui renferment cinq ou six yeux. Le premier sarclage peut se faire avec la herse, avant qu'elles lèvent, et le second sans crainte de leur faire tort, lorsqu'elles ont deux à trois pouces de hauteur; et le troisième avec l'araire, qui sert en même temps à les buter.

Il faut arracher les pommes de terre avant les gelées, qu'elles redoutent beaucoup. Lorsqu'elles sont sèches et dégarnies de terre, il faut les porter à la cave. Ceux qui n'ont pas de caves assez spacieuses, peuvent ouvrir des tranchées de cinq ou six pieds de profondeur, les déposer dedans, et les recouvrir avec de la terre, qu'on élève un peu en dos-d'âne pour en chasser les eaux. Il vaut encore mieux, lorsqu'on le peut, construire au-dessus des tranchées pour leur servir de couverture, des meules de paille qu'on soutient avec de fortes perches. Alors les tranchées font des espèces de caves. Les mêmes serres peuvent servir aussi pour les betteraves.

La pomme de terre, dont le seul désavantage est de ne pas se conserver d'une année sur l'autre, et d'atteindre à peine une nouvelle récolte, altère aussi le terrain, et surtout pour la culture du froment d'automne. Quand ce blé lui succède, il est important de fumer ou de parquer avant les semailles. Les blés de mars et les avoines ne réclament pas les mêmes soins; ils peuvent se contenter d'un labour et du hersage.

Les topinambours, *helianthus tuberosus*, excellens pour la nourriture des porcs, des moutons, des vaches et même des hommes, ayant beaucoup, pour la saveur, de rapprochement, après la cuisson, avec les culs d'artichauts; se cultivent comme la pomme de terre; mais ils peuvent, si on les fume tous les trois à quatre ans, rester dix à douze ans dans le même terrain. Ce qui en reste après l'arrachis, est suffisant pour le plant de l'année suivante : mais n'étant plus aligné, le sarclage doit se faire à bras avec la binette. Près de Paris, ce sarclage peut coûter 15 francs par demi-hectare : faible dépense, si on considère qu'il n'y a pas de frais à faire pour le semis, et qu'on récolte dans cette étendue de terrain, soixante, soixante-dix et même cent sachées de tubercules de quinze décalitres chacune. Les topinambours ont l'avantage de ne point se décomposer à la suite des gelées, de pouvoir toujours rester en terre, pour être arrachés au fur et à mesure des besoins, sans autres préparatifs que d'être nettoyés ; et leurs tiges peuvent aussi servir de combustibles. Le lait des vaches qu'on nourrit avec des topinambours est abondant et donne un beurre de bonne qualité.

Dans la grande culture les plantes tinctoriales les plus importantes sont : le safran, le pastel, la garance et la gaude.

Le safran, *crocus sativus*, plante à racine bulbeuse, est originaire de l'Asie, d'où il a été apporté, vers le quatorzième siècle, par un gentilhomme d'Avignon de la famille des Porchaires. Il demande un bon terrain, léger, sans humidité, bien ameubli par les labours, et fumé aux récoltes précédentes. On le plante en juin ou en juillet, et quelquefois en septembre, à six ou sept pouces de profondeur, dans les rayons ou raies de même largeur, faites à la charrue ou mieux à la bêche ; on l'espace dans des rayons de deux à trois pouces : un froid qui se maintiendrait à dix degrés pendant quelque temps, pourrait détruire le safran. C'est ordinairement à la fin de mai, lorsque le plant a trois ou quatre ans, qui est le terme de sa durée pour être vraiment productif, qu'on lève les cayeux qui servent à la multiplication de l'espèce.

Le safran est sujet à trois maladies, connues sous les noms de *fausset*, *tacon* et *la mort*. La première est une excroissance qu'on peut amputer lors de la plantation; la seconde est une tache pourpre ou brune, en forme d'ulcère, qu'on peut aussi amputer avec la pointe d'un couteau ; et la dernière, très contagieuse, est produite par une espèce de champignon; suivant Duhamel, celui-ci est fort en rapport avec les truffes : il pousse de tous côtés des racines qui vont chercher les oignons du safran, et il forme dans leur intérieur de nouveaux tubercules qui finissent par en détruire toute la substance. Lorsque les feuilles qui jaunissent et se dessèchent, annoncent cette maladie, si on veut conserver la safranière, il n'y a d'autre moyen que de faire une tranchée à l'entour de la place attaquée, pour la séparer du reste ; mais il faut avoir soin de ne point jeter de terre du côté du safran réservé, parce que pouvant contenir des principes de la plante qui cause la maladie, on l'aggraverait au lieu d'y porter du remède.

Les feuilles de safran sont précédées par les fleurs : elles poussent pendant tout l'hiver, s'allongent beaucoup, et ne sèchent que vers le mois de mai. Souvent on les retranche au printemps, lorsqu'on ne craint plus que cette opération nuise à l'oignon, pour les donner aux vaches. Les safranières doivent recevoir de légers labours au printemps, être souvent sarclées avec grand soin, et principalement en septembre, lorsque les fleurs paraissent. Celles-ci, dont le pistil est en usage dans les arts et dans la méde-

cine, se récoltent en septembre et octobre, le soir ou le matin, avant que le
soleil les ait épanouies entièrement et
forcés de s'évaporer en partie. Sont-elles
à la maison? il faut s'occuper d'en enlever le pistil qu'elles pourraient gâter,
vu qu'elles se fanent et s'altèrent promptement. Il faut choisir pour cette opération un lieu dans lequel il y a un
courant d'air, parce que les vapeurs as-
soupissantes que ces fleurs exhalent sont
très dangereuses.

Le safran épluché est étendu sur des
tamis de crin, sur des plaques de cuivre
ou sur des plats de terre; ensuite on le fait
sécher quinze à dix-huit pouces au-dessus
d'un braisier couvert d'un peu de cendre.
Il faut le remuer souvent, ayant soin de
ne point le laisser ni brûler ni s'impré-
guer de l'odeur de fumée : ce qui le per-
drait. Il est bien desséché, lorsqu'il se
brise entre les doigts. Alors, on le met
refroidir entre des feuilles de papier, et
ensuite on le renferme sèchement dans
des boîtes, où il peut se conserver pendant deux ou trois ans.

Le bon safran, est-il dit dans le *Dic-*

tionnaire d'Agriculture, doit avoir une couleur vive et une odeur forte. Un hectare n'en produira que quatre à cinq kilogrammes la première année; mais la seconde et la troisième peuvent en donner un produit cinq à six fois plus fort.

Le pastel, *isatis tinctoria*, supporte impunément le plus grand froid; néanmoins, il semble avoir plus de qualité dans le midi. Pour prospérer, il exige les terres les plus riches et les mieux ameublies, ni sèches, ni humides. La variété à graine jaune a des feuilles plus velues; celle à graine violette est à préférer, parce que ses feuilles sont plus grandes, et qu'étant aussi moins velues, elles se chargent moins de la poussière qui pourrait en altérer la teinture.

On peut semer le pastel en automne ou au printemps, à la volée ou en rayons. Il faut le sarcler plusieurs fois. Si des pieds, qui doivent toujours être espacés d'environ un demi-mètre, tendent à monter, on en coupe le jet principal, pour les forcer à s'étendre latéralement. Le produit étant dans les feuilles, qui com-

mencent à mûrir en juin, on les retranche par un temps sec aussitôt que, tirant
sur le jaune et ne pouvant plus se tenir
droites, elles annoncent leur maturité.
L'usage assez général, jusqu'à ce jour, a
été de les faire un peu faner, pour perdre
leur eau de végétation, et lorsqu'elles
sont macérées sans fermentation, de les
porter à des moulins, pour les réduire
en une pâte solide, qu'on amoncelle à
couvert. Pendant que cette pâte fermente,
on a grand soin d'en réparer les crevas-
ses, pour arrêter toute évaporation ; et
dès qu'on s'aperçoit, au bout de douze,
quinze ou dix-huit jours, à l'odeur moins
pénétrante qu'elle exhale, que la fermentation est calmée, on broie la pâte, en
brisant la croûte qui s'est formée dessus,
et on la réduit en petites pelotes ou coques d'environ un demi-kilogramme,
qu'on fait sécher le plus promptement
possible, soit à l'air libre dans des greniers, soit dans des étuves, afin de l'empêcher de se pourrir.

L'indigo, cultivé dans les Indes et en
Amérique, qui en produit avec abondance, a fait autrefois abandonner la

culture du pastel qui fournit cependant, comme l'assurent tous les fabricans, un bleu plus solide. On le mêle quelquefois à l'indigo, pour augmenter la qualité de celui-ci. Jadis nous avions du pastel au-delà de nos besoins, et nous en fournissions à l'Angleterre. C'était une culture des plus productives, témoin le nom de Cocagnes, qui veut dire abondant en toutes choses, donné par rapport aux coques de pastel, aux pays où l'on s'y adonnait particulièrement. On peut aussi cultiver le pastel pour fourrage en vert. Les semis d'automne en bonne terre un peu légère, donnent d'abondans pacages pour les vaches et les moutons, dès le commencement du printemps.

La garance, *rubia tinctoria*, qui fournit une couleur rouge, moins éclatante que la cochenille, mais plus durable, est une plante naturelle à la France. Dès le temps de Jules César, dit M. Ivart, les Atrébates, qui habitaient l'ancienne province d'Artois, étaient renommés pour leurs étoffes qu'ils teignaient, comme les Romains, avec la racine de la garance qu'ils cultivaient. Le même auteur rapporte, qu'une transaction relative à la dîme, entre les bénédictins et les habitans de leur voisinage, prouve que, dans le douzième siècle, elle était aussi cultivée dans les environs de Saint-Denis.

La garance demande une terre profonde, douce et légère. Après avoir donné des façons comme pour le blé, on peut la semer en mars ou avril, à raison de cinq décalitres de graine par hectare : la graine qu'on tire des provinces méridionales est la meilleure. On peut aussi planter à la charrue des boutures ou traînasses, tirées de vieilles garancières. Dans plusieurs lieux, on laisse environ un quart de mètre d'intervalle entre les touffes. Il les faut sarcler et buter. La première et la seconde année, on peut récolter de la graine. Vers le mois de novembre de la seconde année, on commence à arracher les plus grosses racines, et l'on achève l'année suivante. On fait sécher les racines au soleil ou à l'étuve; on les vanne, après les avoir battues, pour enlever leur épiderme et la terre qu'elles peuvent contenir; après

17.

quoi, on peut les conserver dans un lieu où elles n'aient aucune humidité à redouter.

La gaude, *reseda luteola*, est, comme la garance, une plante naturelle à la France. Dans le midi, on peut la semer en automne; dans les autres départemens septentrionaux, il vaut mieux attendre le printemps. Sa graine ne conserve pas au-delà d'un an la faculté germinative; elle demande un très léger hersage. La gaude s'accommode de presque toutes les terres, mais bien façonnées. Elle est plus estimée dans les terres médiocres, où elle pousse moins branchue. Il faut la sarcler et la laisser assez drue, pour que chaque pied ne produise qu'une tige. On l'arrache vers la fin de l'été, lorsque la couleur de ses tiges commence à tirer sur le jaune; on étend celles-ci le long des haies, pour achever leur dessiccation; et après en avoir secoué et ramassé la graine, qui est également propre à la teinture, on peut les serrer et les garder jusqu'au moment de la vente : la couleur jaune solide qu'elles donnent par la décoction solidifie également les autres couleurs, et particulièrement le bleu de Prusse.

La culture en grand nous offre encore le sarrasin, la cardère ou chardon à foulon, le tabac et le houblon.

Du sarrasin, *polygonum fagopyrum*, l'on extrait une fleur de farine excellente pour faire de la bouillie, et des espèces de pâtes qu'on fait cuire dans la poêle, assez connues sous le nom de *crêpes*.

Dans plusieurs cantons de la ci-devant Bretagne, le sarrasin fait, avec les châtaignes, une partie de la nourriture des habitans. Il est peu délicat sur la nature du terrain, qu'il veut néanmoins bien façonné, et plutôt sablonneux et léger que compacte; il craint les gelées lorsqu'il est en herbe. On peut le semer depuis le mois de mai jusqu'à la fin de juin, dans la proportion de huit décalitres par hectare. Il mûrit en septembre. On le fauche comme les céréales, et on le laisse sur place par brassées et debout pendant quelque temps, pour qu'il achève sa dessiccation; ensuite, on peut le battre dans le champ qui l'a produit, sur de grandes toiles, ou simplement sur une

aire qu'on a bien frappée. On peut aussi
le rentrer en grange ou le mettre en
meule.

Le grain du sarrasin est bon pour les
volailles. Il engraisse aussi très bien les
porcs, lorsqu'il est concassé et rendu pâ-
teux, par le moyen d'un peu d'eau, dans
laquelle on l'a délayé ; étant concassé,
il peut aussi, mais en petite quantité,
entrer dans la nourriture des chevaux.
On peut, au moment de la fleur, lorsqu'il a été semé un peu dru, l'enterrer
comme engrais. Pour cet objet, c'est
peut-être la première des plantes. La variété, connue sous le nom de *sarrasin de
Tartarie*, est la plus abondante ; mais
la farine en est plus amère, et en conséquence elle est moins du goût des animaux.

La cardère, *dipsacus fullonum*, utile
pour le foulage des laines, a été cultivée
de toute ancienneté. On ne peut en entreprendre la culture que dans les lieux
où il existe beaucoup de manufactures.
Il est quelquefois prudent pour être as-
suré du débit, de traiter d'abord avec
les manufacturiers. La cardère se sème

en automne ou en mars. Elle veut une
terre un peu fraîche, profonde et bien
meuble. Au premier sarclage, il faut
espacer les pieds d'environ un tiers de
mètre. On peut aussi les élever en pépinière et les planter à la cheville. Dans
les années sèches, une partie du plant de
la cardère monte dès la première année ;
mais une récolte avantageuse ne se fait
qu'à la deuxième. Chaque touffe donne
cinq à six têtes, et quelquefois davantage. La récolte peut durer pendant trois
mois. La chute des fleurs et la couleur
bleuâtre que prennent les têtes, indiquent le moment de couper les tiges.
Lorsqu'on s'occupe d'en faire la récolte,
il faut éviter la pluie qui ramollit les
crochets des têtes, et le trop de soleil qui
les rendrait cassans; enfin lorsque le chardon à foulon est suffisamment desséché,
on en lie les tiges par paquets de cinquante, pour les porter au grenier, où
elles restent jusqu'au moment de les employer.

Le tabac, *nicotiana tabacum*, dont
l'usage, si ce n'est dans la médecine vétérinaire, est presque toujours aussi inu-

tile que désagréable, a été apporté en France, en 1560, par un nommé *Nicot*, ambassadeur en Portugal. Il est originaire de la province de Tabasco, dans le Mexique. Le gouvernement, par des raisons aussi sages que politiques, s'est chargé de la vente de cette plante. En conséquence, on ne peut la cultiver sans autorisation.

Le tabac veut une terre riche et bien façonnée, qu'il effrite beaucoup. On le sème en mars; la graine doit être peu couverte. On peut élever aussi le tabac sur couche, et le repiquer ensuite. Pour prospérer, les pieds doivent être espacés d'un demi-mètre. La poussière du charbon et le dessous des charbonnières sont pour lui de bons engrais. Aussi s'en cultive-t-il quelquefois sur les places à charbon dans les forêts, par des maraudeurs, à l'insu des propriétaires. Il importe à ceux-ci d'y veiller, car si la régie en prenait connaissance elle pourrait leur faire un procès désagréable, en cherchant, à cause du soupçon de connivence, de les en rendre responsables.

Lorsque les feuilles du tabac tirent sur

le jaune, c'est le moment de les retranc̄her. Celles du haut des tiges n'arrivent guère à maturité, dans le nord de la France, avant les gelées blanches. Elles composent le tabac le plus estimé. Les unes et les autres se font sécher à l'ombre, et souvent dans des séchoirs fabriqués exprès. Elles doivent se conserver entières. Si elles séchaient au soleil, elles se réduiraient en poussière. La variété à feuilles étroites, qu'on cultive en Virginie, passe pour avoir plus de qualité que la nôtre, dont les feuilles sont plus larges.

Le houblon, *humulus lupulus*, est une plante indigène qui croît naturellement dans les haies. Il demande une terre franche, profonde et humide, ni argileuse, ni aquatique, qu'il faut défoncer d'un demi-mètre, pour donner la facilité de s'étendre aux nombreuses racines du houblon. Sur des lignes espacées d'environ deux mètres, on forme de petits monticules qu'on garnit d'engrais. On établit sur le haut de ces monticules, éloignés aussi en tout sens l'un de l'autre d'environ deux mètres, une cavité pour placer quatre ou cinq pieds de plants ou drageons tirés d'une ancienne houblonnière, à la distance l'un de l'autre de huit à neuf pouces. On a soin de mêler quelques pieds mâles pour féconder les pieds femelles. A la fin de chaque hiver, on retranche lés anciennes tiges ainsi que les drageons. Il faut sarcler souvent les houblonnières, et en ôter toutes les plantes parasites. Dans leur première végétation, on peut attacher à un échalas les jeunes tiges de chaque monticule. Quelquefois on les enveloppe seulement avec un lien. Quand le houblon prend de la force, on l'attache à de grandes perches de cinq à six mètres de hauteur. Une perche ne doit soutenir que trois à quatre tiges. Lorsque celles-ci ne se ramifient pas naturellement par le haut, on les y contraint en les étêtant. Quelquefois on incline un peu les perches vers le midi, afin que la houblonnière reçoive mieux les rayons du soleil.

Une houblonnière peut durer douze ans ; et c'est à la troisième année qu'on en fait la première récolte, en arrachant les perches , et en coupant les tiges à la portée de la main.

On reconnaît la maturité du houblon vers le mois d'août ou de septembre, à l'odeur forte et aromatique qu'exhale la graine renfermée dans les cônes , et la dessiccation de cette graine s'achève à une chaleur modérée. Elle sert, comme on sait, dans la fabrication des bonnes bières , qu'elle rend plus digestives. On mange aussi, en guise d'asperges, les jeunes tiges du houblon..

CHAPITRE X.

Des Bestiaux.

Pour bien gouverner les animaux domestiques il faudrait connaître les maladies auxquelles ils sont exposés ; ce qui
exigerait toutes les connaissances qui
constituent un état particulier : or, comme chaque famille a son médecin, chaque fermier doit donc avoir son vétérinaire. Mais l'homme sage et sobre n'a besoin du secours de la médecine que par
accident ; de même le fermier qui fait
tout avec réflexion, n'a besoin du vétérinaire que dans le cas de ces malheurs
sur lesquels la prudence a très peu d'empire.

Les animaux qui tiennent le premier
rang dans une ferme, ce sont les chevaux. Les fermiers ont l'habitude, et
souvent par vanité, de s'en procurer de
la plus grande taille et de la plus forte
corpulence. Buffon pensait que ceux d'une
taille médiocre avaient plus de qualité

que les autres et s'entretenaient beaucoup mieux. L'expérience nous a toujours
paru justifier la pensée de ce célèbre na-
turaliste.

Depuis quelques années, il se fait une
grande consommation de chevaux de trait
dans le roulage du commerce, parce
qu'on veut les faire travailler au-delà de
leur force, et traîner surtout de très pesans fardeaux. Il est tel voiturier aujour-
d'hui qui ne donne pas moins de trois
mille demi-kilogrammes à traîner par
cheval, ce qui est plus d'un tiers au-delà
de ce qu'il conviendrait. Pour augmenter leur ardeur, on les pousse de nourriture ; et alors, s'ils ne périssent pas par
les efforts qu'on les oblige de faire, ils
périssent par les suites des indigestions,
d'où résultent l'abondance des grosses
humeurs, les coups de sang et les apoplexies.

Tout fermier doit choisir pour charretiers des gens doux et intelligens. Combien périt-il de chevaux par les mauvais
traitemens des butors! Le charretier doit
étudier le caractère de ceux qu'on lui con-
fie, et s'il n'est pas très borné, il est rare

qu'il ne puisse trouver le moyen de les rendre tous propres à son travail. Il doit éviter, entr'autres choses, toute secousse sur le mors et sur les rênes, afin de leur ménager la bouche ; il doit savoir les soulager alternativement dans le travail, et leur faire, quand cela est nécessaire, employer aussi toute leur force très également. S'il charrie, il doit savoir charger sa voiture de manière à ce que, sur l'essieu, il y ait un équilibre parfait, afin de ménager par ce moyen son limonier dont il a si grand besoin dans les montées et encore plus dans les descentes. Mais s'il est inepte et colère, il croira bientôt reconnaître des vices dans tout cheval qui n'obéira pas, avec assez de promptitude à son commandement. Malheur, alors, si le maître n'est pas là pour le surveiller, à celui qui éprouvera l'effet de sa mauvaise humeur ; il sera maltraité en tous lieux, frappé à outrance, exténué de fatigue, et forcé de se rebuter : il sera même privé de nourriture, et s'il ne succombe pas promptement, il deviendra réellement vicieux, et il ne sera plus qu'une rosse incapable d'aucun service.

Lorsque vous n'avez pas la volonté d'élever des chevaux, même pour votre usage, ce qui peut se faire cependant dans toutes les fermes, les chevaux n'étant jamais meilleurs ni d'une santé plus ferme que lorsqu'ils sònt élevés en partie au sec, ayez soin de choisir toujours ceux que vous achetez bien-pris dans leurs membres, forts d'encolure, ayant la bouche fraîche, de la douceur, un bon appétit, les jambes saines, très ouverts sur le devant, le corps bien ramassé, et ayant de la liberté dans la démarche.

Assortissez-les pour la charrue, afin que leur tirage puisse être égal. Que les harnois, et tous leurs équipages soient aussi légers que possible et ne les blessent point ; que les colliers surtout s'appuient bien sur leurs épaules, ne se relèvent jamais vers la gorge dans le tirage, et ne gênent point leur respiration : ce qui pourrait les rendre *cornards*, ou *gros d'haleine*.

Faites donner à vos chevaux une nourriture très saine, mais jamais à discrétion, si ce n'est de la paille, qu'ils doivent toujours avoir par hors-d'œuvre, à

18.

moins qu'il n'y reste trop de blé, car dans ce cas elle pourrait suffire à toute la nourriture. Les chevaux nourris à la paille sont vifs, légers, et plus musculeux que gras. Aussi, dit-on : cheval de paille, cheval de bataille. Quant au foin, pour les chevaux d'une moyenne taille, deux kilogrammes par repas, avec deux cinquièmes de décalitre d'avoine, le matin, à midi et le soir, sont des rations très suffisantes. Vous pouvez retrancher l'avoine du soir, si vous avez à donner en place environ six kilogrammes de bonnes bisailles bien grenues, soit vesce, pois ou lentillons ; enfin tout maître de chevaux qui ne possède pas de bonne paille doit y suppléer, et surtout si les travaux sont pénibles, par de plus fortes rations en grain. Les chevaux ont-ils fait quelques travaux extraordinaires, faites-leur donner en surcroît de vivres, lorsqu'arrivés à l'écurie ils cessent d'être essoufflés, un demi-décalitre de son très légèrement imbibé d'eau. En avez-vous qui soient un peu échauffés, donnez-leur du repos, et faites-leur boire de l'eau de son pendant quelques jours ; qu'elle soit un peu tiède, surtout s'il y a annonce de constipation. Avez - vous des chevaux poussifs ou qui aient des dispositions à le devenir, ne leur donnez point de foin, et suppléez-y par un peu plus de grain et de paille, si vous voulez les conserver encore quelque temps et en tirer du service.

L'orge, le maïs, le sarrasin, le seigle, comme nous l'avons déjà dit, peuvent remplacer l'avoine pour les chevaux; mais il est avantageux, avant de le leur donner, de les faire écraser à demi sous les meules d'un moulin; sans quoi ils avalent beaucoup de grains sans les mâcher, et ils les rendent sans les digérer. On peut aussi faire entrer les féverolles dans la nourriture des chevaux; mais comme elles échauffent et nourrissent beaucoup, elles ne doivent se donner qu'en petite quantité, au plus un demi-décalitre par jour. Il y a des gens qui en mettent une jointée à chaque repas parmi l'avoine, et qui s'en trouvent très bien.

Pour la boisson ordinaire des chevaux rejetez toutes les eaux croupissantes; si elles proviennent d'un puits, faites-les toujours, dans l'été, tirer d'avance, pour qu'elles prennent la température de l'atmosphère. Si vous faites passer vos chevaux dans l'eau, lorsqu'ils ont très chaud, évitez autant que possible que ce soit jusqu'au ventre. S'ils ont des coliques et des tranchées, employez, en attendant le secours du vétérinaire, s'il est nécessaire, les lavemens pour les soulager : c'est un remède souvent efficace.

Il est très essentiel d'avoir des écuries bien saines et bien aérées. Le cheval redoute beaucoup l'humidité ; il redoute aussi le froid, et surtout lorsqu'il revient de l'ouvrage couvert de sueur ; il est donc toujours nécessaire de lui tenir une litière propre, sèche et abondante. De bonnes barres doivent séparer les chevaux, afin qu'ils ne puissent se blesser entre eux ; et les écuries doivent être pavées, ayant quelques pouces d'élévation vers la mangeoire, afin qu'ils y soient toujours moins appuyés sur leur devant, et que leurs urines puissent gagner la rigole d'égoût qui doit être au milieu de la place destinée pour la circulation des hommes, et pour l'entrée et la sortie des chevaux.

L'élévation des rateliers et des mangeoires doit être subordonnée à la taille des chevaux. Communément les mangeoires doivent avoir le bord élevé de trois pieds et demi : elles doivent avoir dix pouces de creux, et un peu plus de largeur. Les rateliers, sans déclivité, autant que possible, doivent être placés deux pieds au-dessus des mangeoires, et être garnis de rolons distans de quatre pouces pour que les chevaux y puissent tirer le fourrage. Ayez soin que vos mangeoires soient bien jointes, afin qu'elles ne laissent pas se perdre les avoines et autres vivres qu'on y met.

Surveillez très assidument le pansement de vos chevaux. Un cheval qui aura une nourriture peu abondante, mais qui sera bien soigné, aura souvent plus d'apparence qu'un autre qui aura de la nourriture avec profusion, et qui sera négligé quant au soin de la main. Pour opérer dans le pansement, après avoir peigné la crinière et la queue, on fait passer l'étrille, poil à rebours, par tout le corps, les jambes exceptées, en commençant pour l'ordinaire par les cuisses. Pour enlever le reste de la crasse qui vient d'être soulevée en poussière sur le corps, on prend la brosse, avec quoi on opère encore poil à rebours. A chaque coup de brosse on retire la poussière qui est entrée dedans, en faisant ployer et glisser ses crins sur l'étrille. Ces deux opérations achevées, on prend pour époussette un vieux morceau de drap, avec lequel on essuie tout le corps du cheval. Enfin, pour dernière opération, on prend un seau d'eau et une éponge, et on lave les naseaux, les crins, le col, la queue, le fourreau, l'intérieur des cuisses, les pieds, et surtout le paturon. L'éponge, après être bien pressée dans la main, sert à essuyer toutes les parties lavées.

Entre les deux attelées qui se font dans les fermes, c'est-à-dire à midi et au soir, il faut obliger les charretiers, s'ils ne pansent pas leurs chevaux comme le matin, d'employer au moins, en place de l'étrille, le bouchon de paille et l'époussette. Lorsque les chevaux rentrent couverts de sueur, il faut la leur faire enlever avec une sorte de couteau de bois, et les bouchonner lorsqu'ils sont ressuyés. Il faut surtout avoir soin de ne point frotter les jambes, lorsqu'elles sont encore échauffées de l'exercice, parce qu'on pourrait y attirer des humeurs; mais il faut le faire avec soin, lorsque les chevaux sont séchés et rentrés dans leur état ordinaire. Si des chevaux rentrent essoufflés, ne leur donnez pas à manger qu'ils n'aient repris haleine. Il faut encore, si ce n'est de la bride, ne point les dégarnir de suite, et surtout du bât, lorsqu'ils ont très chaud, afin d'éviter les enflures qui pourraient se former sur leurs dos. Enfin, ne leur remettez les harnois qui auraient été trempés de pluie et de sueur qu'autant qu'ils seraient séchés, battus, époussetés et ramollis par le frottement.

C'est ordinairement lorsque les chevaux vieillissent que leurs salières se creusent, et qu'il leur pousse des poils blancs aux sourcils et aux jambes. Mais les dents incisives, six à chaque mâchoire, sont les seules marques certaines de leur âge.

Les deux du milieu s'appellent les *pinces*; celles de chaque côté de celles-ci se nomment les *mitoyennes*; et les plus éloignées se nomment les *coins*.

A deux ans et demi ou trois ans, les pinces de lait se déchaussent et sont remplacées par les pinces d'adulte; à trois ans et demi, les mitoyennes en font autant; et à quatre ou cinq ans ce sont les coins. Alors le poulain prend le nom de cheval.

Les maquignons, pour avancer l'âge des chevaux, arrachent les dents de lait avant le terme prescrit par la nature; mais les crochets, espèces de dents canines, qui se trouvent entre les dents dont nous venons de parler et les mâchelières, peuvent souvent faire reconnaître la fraude, parce qu'ils ne poussent aux chevaux qu'entre trois à cinq ans. Beaucoup de jumens n'ont point de crochets.

Lorsque le poulain prend le nom de cheval, ordinairement à quatre ans, ses dents sont creuses. A six ans, les pinces de la mâchoire inférieure sont remplies; à sept ans les mitoyennes, et à huit ans les coins. Les pinces de la mâchoire supérieure, qui reçoit moins de frottemens lorsque le cheval mange, ne se remplissent qu'à neuf ans, les mitoyennes à dix, et les coins à onze ou douze ans. Alors le cheval sort de marque. On doit compter pour rien une tache noire qui reste souvent à la place de la cavité de la dent. La sécheresse du palais, la longueur des dents et leur défaut d'aplomb les unes sur les autres, pour les chevaux qui ne les ont point usées à manger des grains trop durs, tels que le maïs, sont des marques de vieillesse que les maquignons peuvent encore faire disparaître avec la lime. Ils peuvent aussi creuser les dents avec des burins; mais un œil exercé reconnaît bientôt la friponnerie. Il se trouve des chevaux qu'on appelle *bégus*, dont les dents sont si dures qu'elles ne se remplissent jamais en totalité; mais alors on peut les reconnaître, parce que celles du haut n'offrent plus cette marche régulière de raser jusqu'à onze ou douze ans.

Dans les fermes, il est toujours avantageux d'avoir trois chevaux par attelage ou par charrue. On peut y mettre deux jumens avec un cheval , pour les limons qui pourraient blesser les jumens s'il y en avait de pleines , quand on a des charrois à faire. Dans chaque attelage on peut faire couvrir une jument par année. La jument a-t-elle mis bas? on peut laisser le poulain quatre ou cinq mois dans l'écurie avec sa mère. Il est rare que les autres chevaux le blessent lorsqu'ils y sont habitués : il faut seulement y faire attention pendant les huit ou dix premiers jours qu'il faut au poulain pour voir clair et reconnaître sa mère. Au reste on peut, pour cette première époque, laisser la mère en liberté avec son élève dans quelque petite écurie particulière. Plus tard, lorsque les mères vont à l'ouvrage, tachez d'avoir quelque pré près de la ferme, pour pouvoir y lâcher les poulains toutes les fois qu'il fait beau temps. Après le sevrage , qui peut se faire à l'âge de quatre ou six mois, quoiqu'on ne le fasse dans les haras qu'à neuf mois , parce que les travaux ne le commandent pas , les poulains étant séparés , on les nourrit avec du son mêlé de quelques grains d'avoine, avec un peu de foin et de bonne paille de blé. Il faut être sobre de son et de grain, car on pourrait leur causer des indigestions très funestes. Souvent ils dépérissent un peu pendant le premier hiver. Au printemps on les rétablit très vite, en les mettant encore pendant quelques heures dans un pacage, et en les nourrissant pour le reste au ratelier avec du fourrage vert, soit de pré naturel, soit de vesce, soit de luzerne, soit de trèfle, etc., et beaucoup mieux de scourgeon en herbe, lorsque l'épi est prêt à sortir du fourreau. Pour éviter le météorisme que pourrait causer le trèfle et la luzerne principalement, on les laisse se faner à l'ombre pendant quelques demi-journées. Dès leur deuxième année, avant la moisson, les poulains sont ordinairement dans un état de parfaite santé : alors on leur fait reprendre une nourriture sèche, et on leur donne la liberté pendant quelques heures chaque jour, soit dans une grande cour, ou beaucoup mieux dans le pré, qu'on leur destine auprès de la ferme et qu'on a soin de bien clore. Pour la dernière fois, au printemps de leur troi-

sième année, on les met encore au vert
pendant six semaines où deux mois ;
après quoi on peut leur faire reprendre
la nourriture sèche pour toujours. Les
chevaux qui sont nourris comme ceux du
Poitou et de la Hollande, par exemple,
avec abondance d'herbages de grosse nature, acquièrent des panses volumi-
neuses, deviennent lourds et ont une fi-
bre toute remplie d'humeur. Mais nourris comme nous venons de l'expliquer,
on est sûr d'avoir des chevaux vifs, légers, vigoureux, peu sujets aux maladies et francs au travail. Si on leur
donne quelqu'attention journalière, on
est sûr encore, puisqu'on les a tous les
jours sous la main, qu'ils seront doux et
faciles à dresser à toute chose. Les chevaux des Arabes, si nous en croyons les
voyageurs, sont élevés à peu près de cette
manière ; or, sont-ils en général aussi
doux et aussi dociles qu'ils ont de vigueur, et l'on ne peut douter que les
mœurs de la famille de leur maître, au
milieu de laquelle ils sont élevés, n'aient
une influence véritable sur leur éducation.

Pour le labourage, les anciens employaient exclusivement les bœufs. Il se trouve des personnes qui sont étonnées de ce que, dans plusieurs provinces, on préfère les chevaux. Plus cet animal vieillit, disent-elles, plus il perd de sa valeur. Quoique le bœuf présente un résultat contraire, le plus simple calcul fait voir qu'il faut aujourd'hui le reléguer dans des métairies qui ont peu ou qui conservent peu de terres labourables, parce que la nature fraîche de leurs terres donne aux céréales, et surtout au froment, une surabondance de végétation qui produit beaucoup de paille, mais peu de grains, et que d'ailleurs on peut les convertir facilement, vu leur fraîcheur, en d'abondans pacages : ce qui permet de s'adonner principalement à l'éducation des chevaux et des bêtes à cornes et autres avec de grands avantages.

Dans les grandes exploitations de céréales, le bœuf, quoiqu'il augmente de valeur jusqu'à l'âge où il devient bon pour la boucherie, serait onéreux. Supposons que deux chevaux qu'il faut pour une charrue qui peut suffire à l'exploitation bien dirigée de plus de quarante hectares de terre, coûtent chacun quatre cents francs de nourriture ; le bœuf qu'on emploie au labour coûte presque autant, attendu que, s'il consomme moins de grains, il lui faut quarante à cinquante livres de fourrage ou de l'herbe à proportion ; il va moins vite, travaille moins long-temps, parce qu'il n'a pas les membres aussi favorables à la marche, et qu'ayant une grande panse à remplir, et devant encore ruminer, il lui faut deux fois autant de temps qu'au cheval pour prendre ses repas. Au reste si on ne s'expose pas à les perdre par excès de travail, ou au moins à les faire périr promptement, au détriment de leur valeur, il est à peine probable que quatre et même six bœufs puissent faire autant de travail que deux chevaux, et il est difficile de mettre moins de deux hommes pour les conduire. Supposons que les bœufs qu'il faut pour mener une charrue coûtent seulement quinze à dix-huit cents francs à entretenir, et que les chevaux coûtent mille à onze cents francs, il y aura donc par charrue ou par cha-

que quarante hectares de terre à labourer, un excédant de dépense annuelle
au moins de cinq à six cents francs. Il
est sensible que la vente des bœufs cou-
vrirait difficilement une telle différence.

Le mulet comparé au cheval, quoiqu'il ait le pied plus petit et qu'en conséquence il enfonce plus dans les terres
glaiseuses, mérite pourtant de la recommandation : il travaille plus long-temps ;
il est plus rustique, il porte de plus
fortes charges et se nourrit à moins de
frais que le cheval ; il vit beaucoup plus
long-temps et il est plus facile à élever.
Pendant vingt années au moins, il peut
rendre de grands services. Je le préfére-
rais à toute aute autre bête de tirage dans
les usines où des rouages mis en mouve-
ment par les animaux sont les moteurs
des machines. Il est étonnant qu'en
France on ne s'adonne pas plus à son
éducation : elle ne se fait que dans quelques cantons du midi.

Quand il faut se procurer des vaches,
comme elles ne sont en général utiles
que pour leur lait, c'est à cela, après la
santé, qu'il faut faire attention ; mais je

recommanderai toujours aux fermiers de renouveler, autant qu'il leur sera possible, leurs étables, en élevant les plus beaux de leurs veaux. Comme chez eux, au moins dans les bonnes agricultures de céréales, les vaches sortent moins que dans les métairies, que du mois de novembre au mois d'août elles ne quittent guère la ferme, alors, en les élevant soi-même, elles se trouvent mieux faites à ce genre de vie et moins délicates.

Hors le temps du pacage, dans les grosses fermes destinées particulièrement à la culture du blé, on nourrit les vaches à l'étable avec des pailles, surtout avec celle d'avoine. Il faut tâcher que cette nourriture sèche n'entre que pour moitié ou au plus pour deux tiers dans leur nourriture, car elle expose les bêtes à cornes, bœufs ou vaches aux maladies inflammatoires. Il faut donc toujours, en été, leur donner un peu d'herbe, et dans l'hiver, il faut tâcher d'y suppléer par des racines : les carottes, les navets, les topinambours et les pommes de tere, etc., sont excellens pour cet usage. A défaut absolu de racines, il faudrait au moins donner du regain : le son et les eaux blanches leur sont aussi nécessaires qu'aux chevaux, pour leur tenir les intestins.libres et pour les préserver de maladies.

Dans les fermes, on est dans l'habitude de faire consommer la menue-paille d'avoine, c'est-à-dire, la petite paille des balles qui enveloppaient le grain et qu'on ramasse après le vanage. Des servantes ou des bouviers paresseux les portent dans les mangeoires sans les passer au crible, et les vaches qui avalent l'énorme quantité de poussière qu'elles renferment, s'en forment quelquefois dans l'estomac des pelottes ou des espèces d'égagropiles qui ne peuvent que les fatiguer et altérer leurs secrétions : elles se dessèchent, et elles tombent dans le marasme et périssent bientôt de phthisie.

Comme dans les exploitations rurales il faut acheter le moins possible, je conseille d'avoir toujours quelques truies, afin d'élever au moins les porcs que la cuisine consomme. Les débris de la laiterie, de jeunes pousses de trèfle, de luzerne, de vesce, etc. , des pommes de terre cuites, des topinambours et des grains de rebut, des feuilles d'orme, sont les seules choses qu'ils réclament de rigueur. Une cour particulière pour leur promenade est une chose fort utile. On y peut jeter les mauvaises graines et tous les résultats du vanage et du criblage, et l'on peut compter qu'ils en feront bien leur profit. Les fumiers qu'ils peuvent faire sont bons pour les prairies naturelles. Dans les guérets levés et non encore fumés, on peut les promener par bandes, et l'on est encore sûr que, tout en fortifiant leur santé, ils détruiront beaucoup de vers et une grande partie des racines des plantes qui peuvent altérer et salir les terres. Il faut les écarter des prairies et même des chaumes ; car en houant le terrain, ils détruiraient le pacage des bêtes à laine.

L'éducation de ces dernières bêtes est d'une importance trop connue pour qu'il soit nécessaire de la recommander. Tous les fermiers lui doivent une bonne partie de leur revenu, et plusieurs toute leur fortune. C'est aux dépouilles annuelles de ces précieux animaux que nous devons presque tous nos vêtemens ; ce sont elles qui alimentent la plupart des belles manufactures qui font la plus sûre richesse du commerce, et qui donnent de l'occupation à des quantités innombrables d'ouvriers et d'ouvrières. Dans les fermes, les excrémens des bêtes à laine forment de bons engrais, et les produits considérables de leur toison ne demandent pas des soins journaliers très embarrassans ; l'essentiel, c'est de les bien nourrir et d'avoir des bergers intelligens et bien dévoués à leur état ; ce qui n'est pas une chose facile. Il faut se méfier surtout de la paresse, de l'indocilité, de l'ignorance et des préjugés. M. Daubanton a publié un petit Catéchisme du berger, qu'il est bon de consulter à cet égard.

Malheureusement les bêtes à laine sont sujettes à grand nombre de maladies, dont la plupart sont contagieuses.

« Autant qu'on voit de flots se briser sur les mers,
« Autant dans un bercail règnent de maux divers ! »

Le claveau, espèce de petite-vérole,

est souvent un grand malheur pour les personnes qui s'occupent de l'éducation des bêtes à laine. Depuis quelques années l'école d'Alfort en a fait pratiquer l'inoculation avec quelque succès. La maladie se manifestant lorsqu'on y a préparé le troupeau, on évite beaucoup d'accidens, surtout si on tient les bêtes chaudement à la bergerie et si on les y nourrit bien jusqu'à la sortie complète de l'éruption. Quelquefois le claveau se manifeste par des symptômes d'une si grande malignité, qu'il y a peu d'espérance de sauver aucune des bêtes qui en sont attaquées. Faites attention aux chemins que vous suivez; car l'inoculation de la clavelle peut se faire en passant à la suite d'un troupeau affecté de cette maladie. Sous ce rapport, le voisinage des bouchers est extrêmement dangereux, et dans chaque pays on devrait toujours les cantonner avec le plus grand soin.

Lorsque le claveau est dans un troupeau, il faut, autant qu'on le peut, mettre séparément, à fur et à mesure, les bêtes malades, et tenir les bergeries sainement, en renouvelant souvent la litière, et en ôtant celle qui se trouve sans cesse infectée du virus de la maladie.

Le charbon attaque les bêtes à laine. C'est un bouton dur et âpre, dont le centre est noir et bientôt suivi de la gangrène. Il se manifeste dans une partie quelconque du corps, principalement dans les endroits peu chargés ou dégarnis de laine. L'animal alors devient triste, mange peu et meurt quelquefois en moins de vingt-quatre heures. Cette maladie si connue dans plusieurs provinces du midi, a fait, dans le commencement de ce siècle, beaucoup de ravage dans les environs de Gonesse et de Dammartin, près de Paris. Lorsqu'elle accompagne le claveau, elle le rend presque toujours mortel. On a pensé que les eaux corrompues des mares qu'on faisait boire aux bêtes à laine en étaient l'origine. Peut-être aussi vient-elle, surtout après de grandes sécheresses, de la pâture de plantes chargées de principes vénéneux et de miasmes putrides qui, sortis des lieux où les eaux ont croupi, se sont répandus dans l'atmosphère.

La maladie charbonneuse des moutons est d'autant plus à craindre, qu'elle se communique aux hommes, ainsi qu'aux autres animaux. Nous avons eu un parent qui s'inocula le charbon par une goutte de sang qui lui sauta sur le poignet en sortant de la peau d'un agneau. Il est à notre connaissance que grand nombre de bouchers ont éprouvé des accidens semblables. Nous avons vu des chevaux périr du charbon qui leur avait été inoculé en portant des moutons tués dans l'état de maladie. Le charbon s'était manifesté à l'endroit même où le sang de ces moutons avait porté. L'amputation ou de violens caustiques, lorsque le bouton paraît, sont les remèdes dont on peut faire usage.

Lorsque le charbon n'est pas intérieur, il est rarement mortel pour l'homme, parce que, s'il connaît le danger, il se fait promptement administrer des secours. Chez les animaux, lorsque le mal devient apparent, il a fait ordinairement trop de ravage pour que les remèdes puissent s'administrer avec succès.

Lorsqu'il règne une épizootie charbonneuse près de vous, le meilleur moyen, pour en préserver les bestiaux, c'est de leur appliquer des sétons, de tenir leur local extrêmement propre, et de leur donner pour boisson des eaux blanches, qu'on peut faire avec de bonnes recoupes de froment. Il importe surtout de ne point leur faire porter des harnais qui auraient servi à des bêtes déjà mortes du charbon. Ayant laissé boire les chevaux d'une ferme où s'abreuvaient des bêtes à notre insu infectées de charbon, nous en avons perdu deux très subitement. Mais ayant de suite désinfecté, lavé à l'eau de chaux et recrépi l'écurie où ils étaient morts, et employé le moyen que nous venons d'indiquer, nous avons préservé les autres au nombre de douze, tandis que la maladie a continué de faire de grands ravages dans notre voisinage.

Plusieurs cultivateurs, lorsqu'ils ont des moutons attaqués de la maladie charbonneuse, s'empressent de les faire tuer pour l'usage de leurs domestiques. Il ne paraît pas probable qu'après la coction, les viandes de ces bêtes présentent du danger pour ceux qui s'en nourrissent ; mais il y en a beaucoup pour ceux qui

les préparent. Les peaux qu'on fait sécher tendent aussi à corrompre l'air et à
propager le venin charbonneux qui peut
même s'inoculer par la piqûre d'une mou-
che qui aurait été pomper dessus le principe de la maladie. Il serait donc plus
prudent d'enterrer profondément toutes
les bêtes mortes du charbon. Si la cupi-
dité ou l'ignorance portent plusieurs personnes à s'y opposer, l'humanité réclame
que l'administration et la police publique
leur en fasse une sévère obligation.

Le météorisme est encore une maladie
très redoutable; il peut en quelques quarts
d'heure causer la mort à tout un troupeau.
C'est dans les trèfles et les luzernes qu'il
se manifeste le plus. Lorsqu'un berger a
de ces prairies à faire pacager, il ne doit
y laisser entrer ses moutons qu'après leur
avoir déjà fait parcourir quelques faibles
pâturages; ensuite il les fait passer et
repasser plusieurs fois sur l'espace que
chaque jour il leur donne à pacager. Son
troupeau est-il à paître? il doit toujours
avoir l'œil dessus; et à la première bête
qui donne le moindre signe de danger, le
retirer promptement. Huit à dix gouttes

d'alcali volatil, mêlé dans deux cuillerées d'eau, qu'on fait avaler à la bête gonflée, sont un remède que nous avons souvent employé avec succès[1]. Il faut quatre fois la même dose pour une bête à corne ou trois à quatre grammes d'alcali dans un tiers de litre d'eau. On peut encore sauver celles-ci en leur faisant avaler un litre de lait dans lequel on a fait fondre plein un dé à coudre de poudre à canon. Si le mal a plus d'intensité et que le danger soit très pressant, il faut absolument le secours d'un homme de l'art, afin de faire la ponction de l'estomac pour en dégager l'air. Cette opération se fait avec l'instrument ou sorte de poinçon qu'on appelle *troquart*, contenu et serré dans une canule qui doit, après l'ouverture de l'abdomen faite, y rester tandis qu'on en retire le troquart : c'est par cette canule que l'air doit se dégager.

A l'égard du cheval, à moins que la tuméfaction ne soit dans les intestins, le

______

(1) Si l'on avait le temps d'employer, au lieu d'eau, deux cuillerées d'infusion de camomille ou de fleur de tilleul, le remède aurait encore plus d'efficacité.

météorisme n'est pas apparent, vu la petitesse de son estomac, par rapport aux autres viscères : aussi pour lui il est rare qu'il ne soit pas mortel.

Les moutons, à cause de leur constitution molle et de leurs fibres lâches, disposés aux infiltrations et aux humeurs aqueuses, sont sujets à la cachexie, à la pourriture et à avoir le foie dévoré par une espèce de ver plat, la *fasciole hépatique*, que les bergers du centre de la France appellent *douve*, parce qu'ils en attribuent l'existence à ce que les bêtes ont mangé de la *douve* ou renoncule, *ranunculus lingua*, qui pousse dans les lieux très frais. La pâture dans les marécages et les lieux humides n'épargne jamais les bêtes à laine : elle est la cause pour elles de toute espèce de cachexie ; aussi en périt-il beaucoup de cette maladie quand les automnes sont très pluvieux. Il convient donc, dans les temps de pluie, de ne point les mener au pacage avant que le soleil n'ait ressuyé le terrain, et avant qu'elles n'aient pris quelque peu d'aliment sec : de ne point les y mener non plus avant que la rosée ne soit tombée, et de les rentrer avant la nuit, lorsqu'on sent la fraîcheur monter.

Lorsqu'une bête n'est pas saine, retournez-lui le bord de la paupière, vous la trouverez très pâle, ainsi que les lèvres: elle est sans force; et si vous la prenez par la patte de derrière, elle ne fait aucun effort sensible du jarret pour vous échapper. Quand la maladie approche de son dernier degré, souvent l'animal a le soir, sous la ganache, une tumeur aqueuse, effet d'une infiltration sous la peau. Le matin elle est dissipée, parce que, pendant la nuit, le mouton n'a pas la tête penchée pour prendre sa nourriture. Alors, si cette bête est encore bien en chair, vendez-la promptement pour la boucherie, ou employez-la dans votre cuisine, car il ne faut pas espérer de guérison.

« Vois-tu quelque brebis chercher souvent l'ombrage,
« Effleurer à regret la pointe de l'herbage,
« Sur le tendre gazon tomber languissemment,
« La nuit seule au bercail revenir lentement,
« Qu'elle meure aussitôt, le mal, prompt à s'étendre,
« Deviendrait sans remède à force d'en attendre. »

Il y a peu de remède à la cachexie ou

pourriture, même au premier degré. Du fer, en petites branches, des débris de la refenderie des forges quand on peut s'en procurer, dans leur eau ; un peu de sel pour saupoudrer leur provende; une nourriture saine ; des décoctions de sauge, de thym, de lavande, de genièvre ; un changement de localité; des pâturages d'herbes de choix dans des lieux élevés, sont des moyens qu'on emploie quelquefois avec succès.

Le grand froid morfond les moutons, lorsqu'ils y sont trop long-temps exposés. On ne peut donc que désapprouver ceux qui prétendent qu'on peut ne leur donner pour abri en hiver que de simples hangars sans murailles, ou même des enclos ou parcs à découvert. C'est un faux système. M. Daubanton l'a pratiqué. On assure que plusieurs cultivateurs anglais le pratiquent aussi maintenant ; mais le troupeau de M. Daubanton ne s'en est pas toujours bien trouvé, et on peut assurer, sans crainte de se tromper, que tous ceux que l'originalité des propriétaires voudra y soumettre, dans une latitude aussi froide que celle des environs de Paris, s'en trouverout toujours aussi fort mal. Dans les grandes gelées, il ne faut les laisser à la pâture que pendant quatre ou cinq heures au milieu du jour. Dans le temps des neiges, on les sort dans la cour pendant quelques quarts - d'heure, chaque fois qu'on met du fourrage dans leurs rateliers; on les mène aussi boire à midi, ce qui renouvelle l'air des bergeries et les rend plus saines.

Les grandes chaleurs sont encore plus que le froid nuisibles aux bêtes à laine. Elles leur causent des apoplexies foudroyantes, parce qu'étant toujours baissées pour paître, le soleil tombant d'aplomb sur leur tête, leur dilate les humeurs qui sont dans le crâne. Elles leur causent aussi le desséchement des poumons et le vertige, deux maladies qui en font aussi périr un grand nombre. Empêchez donc toujours qu'elles ne restent dans les claies passé neuf à dix heures du matin; et dans le fort du soleil, faites-les mener sous quelque ombrage, ou rentrez-les dans des bergeries bien aérées.

« A midi va chercher ces bois noirs et profonds
» Dont l'ombre au loin descend dans les sombres vallons. »

Il est des fermiers qui donnent du grain à leurs agneaux, pour les rendre plus vigoureux. Cette nourriture semble peu convenir aux ruminans : or il importe d'en être très sobre. Elle leur cause souvent de mauvaises digestions, et peut-être dans les bêtes à laine, aggrave-t-elle beaucoup cette hydatide ou hydropisie de cerveau, causée par une sorte de *tenia* qui attaque particulièrement les agneaux et les antenois, et qu'on appelle *tourni*, parce que la bête qui en est attaquée va ordinairement de côté. Le *tourni* est une maladie qu'il est aussi difficile d'éviter que de guérir. Depuis quelque temps on est parvenu à sauver quelques bêtes, d'après, je crois, une méthode de traitement de M. Ivart. On perce le crâne à l'endroit où, par l'amincissement du crâne qu'a causé l'hydatide, on pense qu'est le siége du mal, avec une alène de la grosseur d'une plume d'oie, ayant quinze lignes de long, peu pointue, pour glisser sur les vaisseaux sanguins ou filamens nerveux qu'elle pourrait rencontrer. On fait sortir l'eau et le *tenia* par l'ouverture, en baissant la tête de l'animal. Si l'on y parvient sans ramener de sang, on peut espérer l'avoir sauvé.

Quant aux coups de sang et aux apoplexies, si vous en perdez par cette maladie, le meilleur moyen préservatif c'est la saignée, principalement à la veine de la ganache qui est sous l'œil, à l'endroit de la racine de la quatrième dent mâchelière, parce que cette veine étant très apparente rend la saignée facile. Cette maladie attaque toujours les plus vigoureux. De l'acide sulfurique dans leur boisson, à raison d'un litre par vingt décalitres d'eau avec la dissolution de la boule dite, dans la pharmacie, de mars ou d'acier, peuvent quelquefois en arrêter ou au moins beaucoup diminuer les ravages.

La gale des moutons provient quelquefois d'une mauvaise nourriture : plus souvent de la paresse du berger. Du soufre, mêlé avec de l'essence de térébenthine, ou trois quarts de suif de bœuf, en hiver, et trois quarts de suif de mouton, en été, contre un quart d'essence de térébenthine, forment des onguens dont on peut se servir pour la faire passer. On emploie aussi quelquefois tout simplement de l'essence de térébenthine, dont on verse quelques gouttes sur les boutons après les avoir grattés, en ouvrant la laine pour les mettre à découvert avec l'ongle du médium, ou mieux encore avec un couteau à lame d'ivoire. Si la gale est très invétérée, prenez, par un beau temps, pour cent bêtes, un kilogramme d'arsenic, deux kilogrammes de couperose verte; mettez ces drogues dans une chaudière avec cinquante litres d'eau; faites bouillir, en remuant et agitant sans cesse jusqu'à réduction d'un tiers au moins, et jusqu'à parfaite solution; remettez ensuite autant d'eau qu'il y en a d'évaporée; laissez bouillir encore un instant, et versez votre composition dans un cuvier. Au-dessus de ce cuvier, vous mettez une planche. Deux hommes ensuite saisissent par les pattes chaque bête tondue depuis peu de jours, mais sans aucune plaie causée par les forces du ciseau du tondeur; et ils la posent le dos sur la planche pour être plongée ensuite dans le cuvier. Celui qui tient les pattes de devant les joint à la tête, qu'il relève, ainsi que les oreilles, afin que l'eau de la

composition ne puisse y entrer ni attraper
les yeux et les lèvres ; et lorsque la bête
est posée de nouveau sur la planche, un
troisième homme, avec une brosse, ou
avec la main couverte d'un gant de bonne
peau, la frotte bien par tout le corps. Ce
traitement, administré avec de grandes
précautions et pour les bêtes et pour les
hommes, procure une guérison radicale.
Lorsqu'on opère on sépare successivement
les bêtes qui sont traitées. On les fait res-
suyer au soleil, et on ne les remet que
dans des bergeries très propres et bien
blanchies à l'eau de chaux. Les vases dont
on s'est servi doivent être bien nettoyés
plusieurs fois à l'eau bouillante ; et il est
aussi très prudent de labourer le terrain
où l'on a administré le remède.

La pesogne, que beaucoup de bergers
appellent *le fourchet*, et que les Anglais
nomment *la pourriture des pieds*, est
encore une maladie très cruelle. M. Ch.
Pictet, qui le premier l'a indiquée dans
ses ouvrages, la suppose aussi redoutable
que le claveau. Elle n'est peut-être pas
sans rapport avec le panaris des hommes.
Elle se manifeste par une inflammation

entre les onglets ou entre ceux-ci et la chair : bientôt la suppuration s'y établit ; elle déchausse les onglets, et carie même à la longue les os des pieds. L'animal, à proportion des progrès du mal, boite, mange sans se lever, tombe dans le marasme, prend la fièvre et périt. Les terres glaiseuses, qui s'attachent et se durcissent dans les pieds des moutons, peuvent y faire naître ce mal en y causant de l'irritation et de l'inflammation. Il se propage ensuite par le pus qui tombe sur les litières. Plusieurs fois nous en avons arrêté le cours en séparant les bêtes attaquées, en pressant un peu la plaie, étant bien lavée, pour en extraire le pus, et en la trempant ensuite pendant dix ou douze minutes, et cela deux ou trois fois le jour, dans de bon vinaigre un peu tiède. Lorsque le mal a fait des progrès, il faut employer, après avoir nettoyé la plaie jusqu'au vif et enlevé par petites lames, en fendant la sole, s'il est nécessaire, avec un bon bistouri, les parties du sabot qui seraient attaquées, il faut employer, dis-je, de plus violens caustiques, tels que l'eau de Goulard, et même l'eau forte, qu'on peut appliquer avec un plumasseau. On peut aussi employer le vitriol blanc en poudre, qu'on peut employer, soit seul, soit en en faisant fondre deux onces dans un litre de bon vinaigre. Quand même on aurait été obligé d'enlever tout le sabot, c'est un organe qui se régénère promptement, si l'on a le soin d'envelopper le pied d'un linge pendant quelques jours, de ne point laisser la bête se fatiguer en allant au pacage, et de la bien nourrir à la bergerie.

En hiver, les brebis doivent toujours être dans une bergerie séparée, ainsi que les agneaux et les antenois, et nourris avec des racines, de bons regains et des pailles à discrétion. Quant aux moutons, s'il vient peu d'hiver, des racines et des pailles fourrageuses, principalement celle d'avoine, peuvent très bien les entretenir ; mais l'hiver devient-il rigoureux ? il faut encore avoir recours aux préceptes que Virgile donne pour la chèvre.

> « Soigne-la donc au moins durant les froids hivers,
> « Et tiens sa maison chaude et tes greniers ouverts. »

Néanmoins qu'il y ait toujours, comme nous l'avons déjà dit, en parlant de la composition des bâtimens d'une ferme , un bon courant d'air dans vos bergeries.

Achetez-vous des moutons? tirez-les toujours d'un lieu où l'herbage soit plus maigre que dans le vôtre, autrement vous les verriez bientôt dépérir. Tenez toujours plutôt à une race moyenne bien étoffée qu'à toute autre espèce, et diminuez la race à proportion de la médiocrité de votre terrain. Choisissez toujours un bélier dont la laine soit très tassée, et qui en soit bien garni jusqu'aux pattes et dessous la poitrine.

On a prétendu que les mérinos, en France, tendaient à dégénérer. C'est un fait erroné qu'on peut vérifier principalement dans plusieurs des troupeaux qui sont aux environs de Rambouillet. Nous avons trouvé, au contraire, que les laines en France ont plus de nerfs pour la fabrique que celles des bêtes espagnoles; et si cela n'a lieu que rarement, c'est par l'indifférence des propriétaires dans le choix de leurs béliers.

Si l'on craint de ne pouvoir élever de purs mérinos qui, d'ailleurs, coûtent un prix au-dessus des facultés de beaucoup de monde, les croisemens avec des brebis du pays ou communes, sont toujours infaillibles; et il n'en est pas qui, à la cinquième ou sixième génération, et souvent beaucoup plutôt, si on les fait avec des béliers de choix, ne produisent des laines tout aussi fines que celles des mérinos qui n'ont jamais été croisés.

Lorsqu'on fait voyager les moutons, il faut ne leur faire faire que cinq à six lieues au plus par jour, et choisir, autant qu'on le peut, des chemins de traverse qui offrent des pâturages; les éloigner, pour la nuit, de toutes les bergeries où ils pourraient attraper quelques maladies. Dans les grandes chaleurs, il ne faut les faire voyager que le matin et le soir; avoir soin de les faire boire, et suppléer par de bons fourrages à la nourriture qu'ils n'auraient pu trouver sur la route.

On connaît l'âge des moutons par les dents qu'ils n'ont qu'à la mâchoire inférieure: à un an, ils perdent les deux dents de lait de devant; à deux ans, les deux voisines des premières; à trois ans, ils ont six grosses dents complètes, et à quatre ans, toutes les huit dents de lait sont remplacées ; les nouvelles alors sont égales et assez blanches ; mais à mesure que l'animal vieillit, elles noircissent, deviennent inégales, et tombent ordinairement vers neuf à dix ans. On en voit se maintenir jusqu'à douze, quinze et dix-huit ans, et quelquefois pas au-delà de six à sept, et surtout lorsqu'on leur fait paître des plantes très dures, telles que les bruyères. Les bêtes à laine privées de leurs dents, se nourrissent mal, et c'est le dernier terme de leur embonpoint.

Les brebis, en France, entrent en chaleur pour l'ordinaire vers les mois d'août, de septembre et d'octobre, et elles portent cinq mois. A dix-huit mois, on peut les faire couvrir, et beaucoup mieux un an plus tard. A leur première portée, il faut y bien veiller, parce qu'elles sont sujettes à délaisser leurs agneaux. En France, dans les provinces du nord et du centre, je ne crois pas qu'il soit avantageux d'avoir des agneaux au pied de l'hiver. Je préfère ne donner les béliers aux brebis qu'en septembre, pour avoir des agneaux en février et en mars. Si on a bien soutenu les mères pendant l'hiver, elles ont autant de lait qu'elles en auraient eu en agnelant plutôt. Pendant qu'elles nourrissent, vous n'avez que peu de semaines à les soutenir fortement; parce que dès le mois de mai, et même avant, vous pouvez vous procurer de bons pacages, et pour elles et pour leurs agneaux : par conséquent vous pouvez sevrer ceux-ci, s'il est nécessaire, sans crainte que la privation du lait les fasse dépérir. A trois semaines, commencez par donner aux agneaux un peu de regain et une provende composée de quelques poignées d'avoine concassée et de son de froment un peu gras. A cinq ou six semaines, vous pouvez les sevrer de nuit, et ne les laisser teter que le matin et le soir.

Aux premiers beaux jours du printemps, et par une douce température, on fait, pour avoir des moutons, châtrer les agneaux mâles, et même, dans quelques cantons, les femelles dont on n'a pas besoin pour la remonte du troupeau. Un coup d'air qu'ils recevraient à la suite de l'opération pourrait leur causer la mort. Pour éviter cet accident, on tient les mâles renfermés pendant trois ou quatre jours, et les femelles un peu plus de temps, parce que pour elles l'opération est très difficile et beaucoup plus douloureuse que pour les mâles.

CHAPITRE XI.

Des Produits.

Quelques personnes peuvent désirer savoir quelle est le produit des récoltes, et quel est le montant des dépenses dans une grande exploitation agricole où l'on s'adonne particulièrement à la culture des céréales. Quoiqu'on ne puisse donner, sur ce sujet, qu'un aperçu variable, nous tâcherons pourtant d'y satisfaire.

On ne peut empêcher que la qualité des terres, malgré toute l'intelligence du cultivateur, n'apporte de la différence dans les produits. Cependant on peut y remédier jusqu'à un certain point, en augmentant le nombre et l'étendue des prairies artificielles à long terme, dans la proportion de la médiocrité des terres. De cette manière, on diminue la grandeur de chaque assolement, on se donne plus de fourrage, on nourrit plus de bestiaux, on se procure plus d'engrais, on fume mieux les terres de ses ensemencemens, alors on a l'espérance d'obtenir des récoltes presque équivalentes à celles qu'on a dans les meilleures terres. Si un bon arpent de blé, par exemple, exige, en terrain médiocre, plus d'engrais, au moins ne coûte-t-il pas plus à façonner. Au contraire, si, le fumant peu et le travaillant mal, on ne récolte qu'à moitié, il est évident qu'il faudra cultiver deux arpens pour avoir un produit égal à celui d'un seul ; tandis que les frais seront du double plus considérables.

Pour donner notre aperçu on peut désirer sans doute que nous prenions les choses sur le pied actuel. Depuis quelques années la grande culture en France a éprouvé, par le bas prix où est tombé le blé et où il s'est trop constamment soutenu des désavantages qui, s'ils ne cessaient, pourraient à la fin devenir funestes. L'administration publique ne saurait trop y apporter d'attention. Elle doit employer tous les moyens qui sont en son pouvoir pour empêcher surtout de trop grandes variations dans la vente de cette importante denrée. Devient-elle très chère? on en sème une plus grande quantité, et les propriétaires trouvant les fermiers plus hardis, plus ambitieux, parce qu'ils sont plus riches, augmentent considérablement la location de leurs terres. Devient-elle à vil prix? les fermiers sont bientôt ruinés ou dans la gêne par le haut prix de leur location, et ceux qui peuvent se soutenir tâchent de remplacer une partie du blé par des cultures plus productives. Or, on en sème moins, et si les récoltes deviennent chétives on se trouve tout à coup dans la disette et dans la famine. Au reste, si le bas prix du blé est à redouter, les hauts prix qui en deviennent la suite inévitable ne le sont pas moins. Le bas prix prive les cultivateurs de leur revenu, amène la cessation de tout ou partie de leurs travaux, et le peuple qui croyait devoir s'en réjouir en est la première victime, parce qu'il reste sans occupation. Le haut prix, étant hors de la portée de presque tous les consommateurs, est quelquefois suivi de révoltes et de commotions qui peuvent ébranler le gouvernement et toutes les institutions sociales, et cela est plus à redouter que jamais. Une grande variation dans le prix du froment, comme dans toute denrée de première nécessité, a encore un autre inconvénient. Leur commerce tente les spéculateurs, et les capitaux sont bientôt retirés de la fabrication des produits commerciaux au détriment des meilleures manufactures, pour passer aux acquisitions de blé. Ce genre de commerce lui donne encore plus de valeur, et cette valeur qui désole, affame et tue le peuple, n'est plus alors que factice. Pourtant elle fait porter toutes les cultures vers le froment; les terres sont forcées pour en produire, et c'est alors que la surabondance des récoltes en fait tomber le prix tout à coup, et que les cultivateurs sont menacés de leur ruine. Il existe encore des personnes qui se rappellent d'avoir vu, vers le milieu du siècle dernier, par cette trop grande variation dans le prix des grains, grand nombre de fermiers ruinés, et plus de cinquante grosses fermes dans la Brie, à la porte de Paris, pour ainsi dire, abandonnées, sans culture et sans cultivateurs. L'industrie française, dans la culture variée que nous suivons, et qui s'introduit partout, s'accroît aujourd'hui à un point qui ne permet pas de craindre de tomber aussi vite dans de pareils malheurs ; mais enfin tout s'épuise, et avec la charge énorme des impôts qui pèse sur le sol, on ne doit peut-être pas être tout-à-fait sans crainte à cet égard, et surtout si le prix du blé baissait encore.

Indépendamment d'un charretier par charrue, il faut, au moins, dans une ferme, un bouvier, une servante et un berger. Si l'exploitation est trop petite, tous ces gagistes absorberont une partie des bénéfices. Il faut donc qu'elle ait assez d'étendue pour occuper tout le temps de ces personnes.

Trois charrues faisant chacune quinze hectares de froment d'hiver, composent la ferme que je prendrai pour donner mon aperçu. Je suppose qu'on suive l'assolement triennal. C'est donc quarante-cinq hectares de terre labourable par charrue, et pour les trois charrues cent trente-cinq, sans y comprendre les prairies artificielles à long terme, qui, dans aucun cas, ne peuvent comprendre moins de cinq hectares par charrue, et qui peuvent s'élever jusqu'à dix et plus. Elle

contiendra donc depuis cent cinquante
hectares jusqu'à cent soixante-cinq. Ajoutons même que s'il s'y trouvait des terrains
absolument mauvais, très pierreux, ou
des sables très secs, et qui ne pussent
donner, malgré l'abondance des engrais,
que de faibles récoltes, elle pourrait avoir
encore plus d'étendue On y pourrait uti-
liser les terrains les plus rebelles à toute
culture annuelle, et qui y sont en supplé-
ment des terres en labour, par des plantations de noyers, de châtaigniers, et de
tous autres que la nature du lieu pourrait
comporter. En espaçant les arbres à de
grandes distances, à quarante pieds, par
exemple, on trouverait dessous des pacages qui, quoique très maigres, aideraient
pourtant encore à nourrir les bêtes à laine.

Pourquoi dans les fermes ou domaines qui ont des terres très en pente ou
des lieux à ravins, n'y ferait-on pas aussi
des plantations ? on n'y diminuerait pas,
par ce moyen, sensiblement les produits
du labourage ; car ces lieux donnent toujours très peu de chose, et coûtent pourtant beaucoup à cultiver. Dans certains
endroits, par exemple, ce serait l'orme

qui pourrait très bien végéter, et il y serait précieux par son bois, pour le charronnage et le foyer, et par son feuillage qui est une nourriture excellente, en sec comme en vert, pour les bêtes à laine. Dans d'autres ce serait le noyer, qui fournirait du bois pour l'ébénisterie, et de l'huile par son fruit pour la nourriture des habitans de la campagne.

Cent cinquante hectares ou trois cents arpens de terre en labour, existant dans notre ferme, doivent exiger au moins l'entretien de quatre à cinq cents bêtes à laine. Celles-ci, si l'on fait des élèves proportionnellement, donneront environ, par an, cent bêtes pour la vente qui pourront valoir....... 1,200 fr.

Elles donneront, en suint, au moins mille kilogrammes de laine, qui pourront valoir. . . 2,500.

On doit récolter, au moins, dans quarante-cinq hectares en froment, sept mille boisseaux, chacun d'un huitième d'hecto-litre. Huit cents de choix seront

Report . . . . 3,700.

prélevés pour les semences, et sept cents de qualité secondaire pour le pain de tous les gens de la ferme : il en restera donc, pour la vente, cinq mille cinq cents qui doivent se vendre l'un au moins 1 franc 80 centimes ; or, le total doit produire. . . . 9,920.

Quarante - cinq hectares en avoine en produiront au moins 9,000 boisseaux ; environ 5,000 seront consommés pour la semence et pour la nourriture des chevaux de la ferme. Il en restera donc pour la vente aussi 4,000 qui, à 60 c., donneront... 2,400.

Les recettes principales de la ferme pourront donc s'élever à 16,000.

Notez que, dans une ferme bien organisée, le produit des bêtes à cornes, celui de la laiterie principalement, et celui des plantes non céréales, qui doivent faire encore une recette assez forte, suffiront, on doit le penser, au paiement des contributions publiques.

Le berger pourra coûter en argent.	300f
La servante.	100.
Le bouvier.	100.
Les quatre charretiers. . . .	800.
Le ferrage des chevaux et des instrumens aratoires. . . .	300.
Le bourrelier et les cordages.	250.
Le charronnage.	250.
La fauche et la rentrée des récoltes.	2,000.
Le battage et le criblage des grains.	1,200.
Les dépenses du ménage. . . .	800.
Les faux frais.	300.
Total des dépenses d'exploitation.	6,400.
Or, le revenu net sera de. .	9,600.

Ce revenu est peu considérable ; mais il faut remarquer que nous supposons la vente des produits à un taux très bas. Si un cultivateur actif entend bien son travail, sa récolte en froment peut être plus forte au moins d'un cinquième et la vente peut en être plus élevée. Ce ne serait donc pas beaucoup avancer de dire que le revenu net que nous venons de supposer peut augmenter d'un tiers, même lorsque les grains sont à un prix très ordinaire. Mais si le cultivateur a peu d'expérience, s'il est négligent, nous devons dire aussi qu'il pourrait, tout en faisant plus de frais, récolter moins que nous ne le supposons. Au reste, ce revenu est celui qu'obtient le fermier : celui du propriétaire ne se borne pas à nos calculs, quand sa propriété a été de tous temps bien entretenue. Il peut trouver, par exemple, les arbres des bords des chemins, et ceux des champs en simple pacage, etc., qui lui procurent souvent de fortes recettes extraordinaires.

Enfin, pour obtenir un revenu net de neuf mille six cents francs, que faut-il dépenser pour monter l'exploitation ?

Dans une ferme de trois charrues, il faudra pour acheter quatre cents bêtes à laine, au moins. . . . . . . 6,000 fr.

Pour huit chevaux tout harnachés. . . . . 4,500.

Pour bétes à cornes, volail-
les , cochons , etc. . . . .   1,000.
Pour les voitures , herses ,
charrues , etc. . . . .   1,500.
Pour achat des quarante-cinq
hectares de blé tout ensemen-
cés , à 150 f. l'un. . . . .   6,750.
Pour les avoines, les prairies
artificielles, etc. . . . .   3,400.

La dépense pour monter une
ferme de trois charrues sera
donc de. . . . .   23,150.

Si l'on n'achète pas la récolte pendante
par racines , on doit penser qu'il en coû-
tera autant pour l'obtenir par la culture,
par l'achat des semences , par les gages
et la nourriture des domestiques qu'il
faudra payer jusqu'au pied de la récolte.

ADDITIONS.

*Complément à ajouter à la page 78, après :
s'améliorer tous les jours, et commençant
un nouvel alinéa.*

Le premier objet d'une bonne culture,
c'est l'assolement des terres. Il est très
difficile de parvenir à l'amélioration
d'une ferme sans ce moyen. C'est par
lui principalement qu'on peut voir se
développer toute l'intelligence de l'agriculteur.

*Complément ou suite sur les assolemens, à ajou-
ter à la fin de la page 89. (Fin du chapitre.)*

L'assolement triennal est encore celui
qui est le plus généralement suivi dans
la Beauce, dans l'ancienne Ile-de-France,
dans la Brie et dans la Picardie, et il
est présumable que c'est à cause de la
grande quantité de paille qu'il donne,
comme l'assolement biennal dont nous
venons aussi de parler ; laquelle sert aux
chevaux de luxe de la capitale et de ses

environs, et donne un assez grand revenu.

Cet assolement qui, au reste, dans les mains des habiles agriculteurs, ne laisse ordinairement pas plus d'un sixième des terres en repos ou plutôt en guéret, puisque la sole des jachères se couvre au moins à moitié par les prairies artificielles, est encore recommandable dans tous les lieux où les terres sont très amaigries, très appauvries par un système de mauvaise culture suivi depuis long-temps, et par le peu d'intelligence des anciens cultivateurs. Il ne satisfait pas sans doute aux principes généraux d'une sage agronomie, puisqu'il suppose toujours des jachères à la troisième année, et que la jachère est une perte : néanmoins dans les lieux où l'agriculture est, pour ainsi dire, à recréer ; où il y a peu de population et point de villes qui peuvent fournir des engrais à la campagne, il est celui qui fournit le plus de ressources pour commencer les améliorations des terres, et pour les amener à leur maximum de rapport, surtout à l'égard des céréales et des prairies arficielles, attendu qu'il donne des pailles en assez grande abondance pour la nourriture et la litière des bestiaux, et pour confectionner beaucoup d'engrais. Il permet aussi de tenir les terres très nettes à peu de frais et par le seul moyen des labours et des hersages, et l'on sait que la grande netteté des terres et leur état constant d'ameublissement, sont encore des choses de la plus haute importance pour avoir des succès en agriculture. Il ne faut surtout jamais laisser les terres produire des plantes inutiles, principalement celles à racines traçantes ou qui parviennent à maturité; car ces plantes, comme nous l'avons déjà dit, les fatiguent toujours beaucoup. Il existe grand nombre de principales cultures dans la Flandre, et de grosses fermes dans la Brie, dans la Picardie et dans la Beauce, sur les terres desquelles on ne trouverait pas du chiendent pour faire un litre de tisane, et tous les cultivateurs qui en ont sur leur exploitation passent toujours avec raison pour de très mauvais praticiens.

Dans les domaines dont les terres sont

très amaigries de longue main, et qu'il s'agit de rétablir, on peut d'abord ne point obtenir des prairies artificielles d'une très forte végétation ; mais il ne faut pas moins en faire le plus possible : celles qui poussent avec le moins de force peuvent toujours y servir pour faire paître les bêtes à laine, et pour suppléer à ces maigres pacages qu'on trouve sur les immenses jachères qu'on a l'habitude de laisser dans beaucoup de pays, entre autres dans l'ancien Berri que nous avons déjà cité. Dans plusieurs arrondissemens de ce pays, le minimum des jachères est ordinairement de la moitié des terres labourables, et on en voit même s'élever jusqu'aux deux tiers. Ce sont des choses difficiles à croire dans les bonnes provinces agricoles. On ne peut s'y persuader que dans le centre de la France il soit encore possible de trouver d'aussi vicieuses pratiques ; c'est pourtant de la plus exacte vérité. On commence à y remédier depuis quelques années ; et si les propriétaires s'encouragent dans leur amélioration, on ne peut pas douter que, dans plusieurs départemens, on ne parvienne à pouvoir y doubler les produits agricoles, et que la totalité de la France ne soit bientôt fournie de subsistances pour un quart au moins de plus de population qu'elle n'en a aujourd'hui.

Nous avions entrepris, dans le département de l'Indre, l'amélioration d'une grande terre naguère des plus abandonnées. Elle appartenait au duc d'Albe, espagnol. Nous l'avions divisée en six grandes fermes, et nous y avions défriché toutes les brandes d'une contenance d'environ huit cents arpens, et desséché environ cinq cents arpens de marais, ou de mauvais étangs, ou plutôt de cloaques formés par les eaux pluviales. Nous y avions adopté l'assolement triennal. Le changement de propriétaire et des raisons très puissantes de santé, nous ont fait délaisser cette exploitation dans laquelle les succès ont été très satisfaisans. Le même système paraît suivi assez exactement par le nouveau propriétaire qui, au reste, avait continué de faire les déboursés d'une manière suffisante. Nous avions laissé au 25 septembre de l'an dernier. 1826, parfaitement menés de guéret, bien fumés ou bien parqués, pour être ensemencés en blé d'hiver, huit cent cinquante arpens environ de terre, travail de trente charrues et de quatre-vingts chevaux pour la première des trois soles. Ces terres ont été emblavées, et on peut espérer, d'après le travail préparatoire, que la récolte en sera prodigieuse, et peut-être la première en France par son étendue, et une des plus belles par sa végétation, à l'exception de quelques pièces mal préparées après les semailles pour égoutter les eaux de l'hiver, et de quelques autres semées trop tôt et dans la poussière des guérets de la fin de la canicule. Nous pensons que cette culture ne sera pas un exemple inutile, au moins autant que les propriétaires éclairés des environs, zélés pour l'agriculture, pourront disposer des capitaux pour l'imiter en tout ou en partie. Car il ne faut pas se dissimuler que ces améliorations nécessitent de très grandes dépenses. Les défrichemens que nous avons entrepris ont coûté, pour rendre les terrains parfaitement meubles et prêts à recevoir l'ensemencement, environ 80 francs par demi-hectare ; et chaque charrue montée tant en bestiaux de toutes espèces, qu'en semence, nourriture et gages des ouvriers, jusqu'à la première récolte, a exigé 6,000 fr., somme environ un tiers inférieure à ce qu'une charrue coûte à monter dans la Beauce et dans la Brie, où tout est à un prix un peu plus élevé.

Complément à ajouter à la page 131, après le premier alinéa.

Les meules se couvrent depuis le faîte jusqu'au lieu où elles commencent à diminuer de diamètre ; c'est-à-dire qu'on les couvre depuis la hauteur de dix ou douze pieds de terre jusqu'au sommet. La couverture descendant jusqu'au lieu où elles ont le plus de largeur, renvoie suffisamment les eaux du pied.

Pour couvrir, on commence par fixer à l'entour de la meule, à l'aide de forts piquets en bois, au point où doit commencer la couverture, un cordon rond en paille d'environ neuf pouces de diamètre. On fait ensuite de petites bottes de paille, pouvant tenir à peu près entre les deux mains, les doigts se joignant, et liées près de l'épi de manière qu'elles fassent un gros talon. On pose les premières de ces petites bottes au-dessus du cordon, mais de manière que leur talon pose dessus, et on les fixe dans la meule par de petits piquets en bois à l'endroit de la liure. Enfin on pose les suivantes au-dessus de celles-ci, et toujours en remontant jusqu'au sommet, qu'on termine en pointe par une plus grosse botte de paille qu'on attache par un très fort piquet.

FIN.

TABLE

DES CHAPITRES.

———

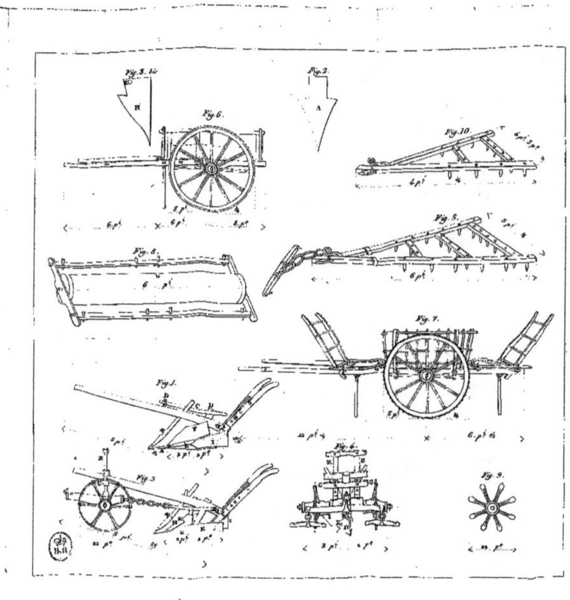